拒绝 讨好型 人格

余襄子 著

北京日报出版社

图书在版编目（CIP）数据

拒绝讨好型人格 / 余襄子著 . -- 北京：北京日报
出版社 , 2024. 12. -- ISBN 978-7-5477-4811-4

Ⅰ . B848-49

中国国家版本馆 CIP 数据核字第 2024QG2046 号

拒绝讨好型人格

出版发行：北京日报出版社

地　　址：北京市东城区东单三条8-16号东方广场东配楼四层

邮　　编：100005

电　　话：发行部：（010）65255876
　　　　　总编室：（010）65252135

印　　刷：德富泰（唐山）印务有限公司

经　　销：各地新华书店

版　　次：2024年12月第1版
　　　　　2024年12月第1次印刷

开　　本：710毫米×1000毫米　1/16

印　　张：9

字　　数：130千字

定　　价：59.00元

孩子，你是否曾感到迷茫，不知道如何在这个世界上找到自己的位置？你是否曾为了得到他人的认可和喜爱，而不断压抑自己的真实想法和感受？如果是这样，我想告诉你，你并不是一个人。在成长的道路上，我们每个人或多或少都会有这样的经历。

讨好型人格是一种常见的心理现象，它让我们在人际交往中过度追求他人的认可和喜爱，而忽视了自己的需求和情感。这种人格倾向可能在短期内给我们带来一些好处，比如获得他人的认可和好感。但从长远来看，它不仅不能帮助我们实现真正的自我价值和建立深厚的人际关系，反而会给我们带来更多的问题和困扰。

这本书将带你走进一个关于自我认知和成长的世界。在这里，你将了解到讨好型人格的成因和表现，认识到它对我们生活的影响，并学会如何通过改变思维和行为模式来克服它。我

们将一起探讨如何培养自尊、自信、独立思考和有效沟通的能力，以及如何在日常生活中实践这些能力。

通过阅读这本书，你将学会：

认识自己的价值和特点，了解自己的需求和情感；

建立自尊和自信，相信自己有能力应对各种挑战和困难；

学会独立思考，不盲目追求他人的认可和喜爱；

培养有效沟通的能力，学会表达自己的想法和感受；

设立个人界限，学会拒绝不合理的要求和压力；

寻求支持和帮助，建立健康的人际关系。

目录

你不必活在别人的嘴里

凡事都有一个限度

只需再勇敢一点点

健康的人格最美丽

讨好型人格有错吗？

讨好型人格是一种不健康的行为模式，在生活中很常见，甚至大部分人都有这样的倾向。那么，你知道什么是讨好型人格吗？它给我们带来了哪些问题呢？

什么是讨好型人格?

你可能已经听说过"讨好型人格",但它具体是个什么样子,你或许并不清楚。

讨好型人格是一种在人际交往中过度追求他人喜欢和认可的心理倾向,也被称为人际关系中的"好人"。拥有这种人格特质的人,往往因为过于在意他人的评价和感受,而忽视了自己的需求和情感。

简单来讲，讨好型人格就是通过压抑自己内心的真实想法和需求，来讨好别人和周围环境的一种倾向。这种性格或许一时能给自己带来好处，比如获得别人的认可，以及让别人对你有初步的好感，但这种好处并不会持续太久，很快就会消散。

这样大家会更喜欢我吧。

时间久了，当大家发现你是一个这种性格的人的时候，可能还会心生恶意，比如故意为难你、压榨你、欺负你等等。碰到这种情况，拥有讨好型人格的人并不会立马跳起来反对，反而会因为"讨好别人"的倾向而默认别人对自己的不公。因为具有讨好型人格的人害怕冲突，担心冲突会破坏与他人的关系，因此常常选择用逃避或妥协来解决问题。然而，这种逃避行为会导致问题得不到解决，甚至进一步加剧矛盾。

简而言之，讨好型人格并不是一个好的人格倾向，如果你发现自己身上有这样的倾向，那可就要注意了。

小故事

一个晴朗的下午，小朋友们在公园里快乐地玩耍，笑声和欢呼声此起彼伏，只有小梅胆怯地站在一边，看着小伙伴们嬉闹与玩耍，手里紧

紧握着自己最心爱的玩具——一只毛茸茸的小熊。这只小熊玩具是小梅生日时收到的礼物，对她有着特别的意义。每当她感到孤单或是不开心的时候，小熊总能给她带来安慰。

就在这时，她的同班同学小丽走了过来。她看到小梅手中的小熊后，顿时眼睛一亮，被它毛茸茸的外表和可爱的样子吸引了。于是，她伸出手对小梅说："你的玩具借给我玩玩吧。"小梅看着小丽，心里有点犹豫。此前，小丽就经常找小梅借东西，比如一支笔、一块橡皮。虽然之后也都会还给她，

但这种经常借东西的行为让小梅很困扰。然而她心里虽然已经厌烦但却不敢拒绝小丽，因为她怕自己一旦拒绝对方，就会带来严重的后果。比如，再也没有人和自己做朋友了，再也没有人和自己说话了。

　　就在小梅依依不舍地准备把小熊递给小丽的时候，邻居家的姐姐小红跑了过来并拦住了她。小红知道小梅有多么喜欢这个小熊，她对小梅说："你不想借就不要借，你有权利处置自己的玩具。"

 思考一下

是的，我并不想。

　　回想一下，你有遇到过类似的事吗？你当时是怎么做的？如果你有类似的困扰，下次请试着将自己的真实想法直接告诉对方，因为你的"不想"很重要。

讨好型人格会带来什么？

宝宝，你以为讨好别人可以换来自己想要的？其实，它只会给你带来更多的麻烦。

真的是这样吗？

想象一下，即便你经常对身边人的任何请求都无条件地答应——别人说"请给我一支笔"，你就会立即递给对方一支笔；对方说"我想玩你的玩具"，你也会很乐意地分享给他——这样的你，真的会受欢迎吗？

答案可能是否定的。相反，你"有求必应"的性格很可能会让大家觉得你没有主见，甚至有点傻气。更重要的是，每当别人遇到困难或麻烦时，都会习惯性地去找"有求必应"的你，因为他们觉得你总是会满足大家的一切需求，甚至有可能在懒得做作业的时候，都会想让你帮忙完成，而你也真的会同意。

这种情况你是不是觉得有些不太对劲？其实，这种"无论什么要求都答应"的人，正是典型的讨好型人格的代表。这些行为看似无害，但却并不会给我们带来真正想要的东西，有时反而会给我们带来更多的问题和困扰。比如，一直无底线地满足别人，时间久了，别人会把你的好意当成理所当然，哪天你一旦不答应了，反而会遭到别人的记恨。

因此，千万不要把"讨好型人格"不当一回事。很多人在答应别人的请求的时候，都抱着一种"就帮他这一次，也没什么"的心态，但这样的心态是有害的。因为它会让我们养成习惯，也会让身边的人给我们贴上"有求必应"的标签。

请记住，下次当你有这种想法的时候，要好好想一想，否则今后会给你带来无穷无尽的麻烦。

小故事

小智总是试图通过讨好老师和同学来获得好成绩和认可。在课堂上，他急于表现自己，常常在没有完全理解问题的情况下就举手抢答，

只为了让老师觉得自己很聪明。他也常常在班级小组中承担不属于自己职责的任务，只为了获得同学们的好感。然而，这些做法并没有给小智带来好处，比如因为急于给老师留下好印象，他根本没有时间去深入思考和消化学到的知识。

期中考试成绩出来了，小智的成绩很不理想，和他平时的"积极表现"完全不同。班主任在课后与小智进行了一次谈话。班主任说："小智，学习是为了你自己的成长，不是为了讨好别人。真正地理解知识和掌握技能才是最重要的。"

听了班主任的话，小智很是惭愧，再想想之前自己的种种行为，顿时面红耳赤，恨不得找个地洞钻进去。

后来他开始改变自己，不再一味地讨好别人，而是更加关注自己是否真正理解了课堂内容。他开始在课堂上大胆提问，在小组项目中根据自己的能力和专长承担相应的任务，而不再为了讨好同学而包揽所有工作。最重要的是，小智学会了根据自己的学习成果进行自我评价，而不是过分依赖他人的评价。这些改变对他起到了正向的推动作用，他有了自己内在的学习动力，学习效率也提升了不少。

好惭愧。

思考一下

我要学，而不是要我学。

你有没有想过自己为什么要学习呢？是为了获得别人的认可，还是出于自己内心对知识的渴求呢？其实，我们要获得别人的认可是一件好事，但凡事不能过度。别人的认可是一种外在的动力，可以督促我们进步，但我们也要有内在的动力，即"我要学"，而不是"要我学"。请试着回忆一下，你有过这样的情况吗？当时自己是怎么想的呢？不妨和朋友们一起交流一下。

讨好他人真的有用吗？

　　讨好型人格是一种不好的倾向，它不会给我们带来真正的友谊和尊重，反而还会带来很多麻烦。讨好他人可能会让你短暂地得到一些认可，但这种方式无法帮你实现真正的自我价值和建立深厚的人际关系。因为这种将自身的价值完全建立在他人评价上的行为，是一种很不稳定的状态，相当于把自己人格的独立性交给了别人。当我们努力去迎合他人的期望时，往往会失去自己的个性。

与一味地讨好不同，真诚的友谊应该建立在互相尊重和支持的基础上。当我们以真诚和友善对待他人时，能够建立起更加稳固和持久的关系。这种关系不仅能够满足我们的社交需求，还能够给予我们更多的支持和鼓励。而讨好型人格的人往往以为友谊是建立在自己对他人的让步与听从上，这是他们认识上的一大误区。毕竟，我们需要的是一个人格健全的朋友，而不是一个随叫随到的"仆从"。

小故事

小杰是个非常友善的孩子，对每个人都笑脸相迎，希望得到大家的认可和喜爱。他认为这样做可以让自己更受欢迎，拥有更多的朋友。他经常把自己的喜好放在一边，去迎合同学们的兴趣，很少表达自己的意见，总是说别人想听的话。在分组活动时，他习惯选择加入那些最受欢迎的小组，哪怕他对那些活动并不感兴趣。但后来他逐渐发现，这样做并没有让自己交到更多的朋友，反而很少有人真正关心他的感受。为此，他陷入了迷茫之中，不知道问题究竟出在哪个环节。

爷爷看出了小杰的困惑，于是告诉他问题所在："小杰，讨好他人

可能会让你短暂地得到一些认可，但这并不是建立真正友谊和体现自我价值的正确方式。"小杰仔细地琢磨爷爷的话，觉得很有道理，于是便决心改变自己的做法。

小杰开始勇敢地表达自己的想法和感受，不再为了讨好别人而违背自己的意愿。同时，他还加入了学校的科学俱乐部，投身于自己真正感兴趣的活动中。与以前不同的是，小杰学会了如何礼貌地拒绝那些他不想参与或不认同的事情。

在学校的一次科学竞赛中，小杰凭借自己的实力和努力赢得了比赛。同学们都对他的才华和拼搏精神表示赞赏，并向他表达了真诚的祝贺。小杰非常高兴和自豪，他意识到真正的认可和友谊来自实力和个性，而不是讨好他人。

你知道人格是什么吗？是不是每一个人都拥有自己独立的人格呢？

其实，人格就是潜藏于每个人内心深处的"小宇宙"，包含想法、感受、行为和与他人互动的方式。每个人都有自己的独立人格，应该得到他人的尊重，同时也要尊重他人。

请试着想一想，你觉得自己与他人最大的不同是什么？和爸爸妈妈一起交流一下自己的想法吧。

人格是什么呢？

你还没意识到问题所在吗？

其实，讨好型人格在这个世界上普遍存在，它是一种常见的心理现象，会让我们在人际交往中忽视自己的需求，缺乏自我认同。这种人格的形成很多时候源于对他人评价的过度关注，以及对冲突和拒绝的恐惧。因此，为了取悦他人，讨好型人格的人会不断牺牲自己的利益，甚至违背自己的意愿。但长此以往，可能会逐渐失去对自己的真实认知，变得不再了解自己真正想要什么、需要什么。

当我们用他人的评价来定义自己时，往往会忽视自己的内在价值和能力。这种缺乏自我认同的状态会让我们在面对困难和挑战时感到无助和迷茫，会让我们失去成长的机会。为了取悦他人，我们可能会拒绝尝试新事物，害怕失败和被否定。也就是说，讨好他人会让我们的能力一直原地踏步，停止提升。

我怎么一直都没有进步？

所以，别再忽视这个问题了，它可能比我们想象的还要糟糕。毕竟，想要健康成长，就要不断突破自我。我们都不想活在别人的眼里，不是吗？

小故事

小艾是个非常热心的孩子，他总是希望周围的人都能开心。

小艾总是试图让每个人都满意，哪怕这意味着自己要做出很多牺牲。在课堂上，他很少表达自己的观点，因为他不想说出与别人不同的想法，怕别人不开心。课间活动时，他总是加入那些受大多数人欢迎的游戏，哪怕那些游戏并不是他喜欢的。

然而，小艾并没有意识到这么做的不良后果。他感到自己越来越疲惫，因为他总是在努力满足别人的心愿，而忽略了自己的感受和需求。

一天，老师在班会上讨论了"自我价值"的重要性："同学们，我们每个人都有自己的价值，不需要通过讨好别人来获得认可。"

　　小艾觉得自己需要帮助，于是在课后找到了老师，向她讲述了自己之前的想法。

　　原来，小艾总是把别人的需求放在首位，忽视了自己的需求。而且，他发现自己缺乏自我认同，总是依赖别人的评价来定义自己。他虽然有一些朋友，在班级里人缘也不错，但他感觉，他和朋友之间的关系似乎流于表面，缺乏深度。有时，他会感到内心很矛盾，因为他的真实想法和行为之间存在差异。

　　老师耐心地听他讲完后给出了自己的建议。

　　比如，她让小艾以后多花点时间来了解自己的感受和需求，而不是一味地考虑别人的想法。

　　在课堂上，老师也给了小艾更多关照，让他有更多的机会回答问题，并不断鼓励他说出自己的答案，就算说错了，也不会立即否定，而是一步一步引导他思考。

很好，你为什么这么想呢？

一个月过去了，小艾变得和之前不一样了。他惊奇地发现，这份改变让他有了一种自我满足感。他还发现，当他开始关注自己的感受和需求时，他与同学们的关系也变得更加真诚和深入了。

记住，你不需要讨好任何人，学会认识和接受自己才是最重要的。

思考一下

我也有过讨好别人的情况。

虽然讨好型人格会带来很多问题，但讨好别人的行为与想法仍然屡见不鲜，几乎在每个人身上都发生过。你有遇到过这样的事情吗？你当时是怎么做的？你觉得你当时的做法给你带来了哪些影响呢？请试着想一想，然后与朋友们一起进行讨论。

从此告别讨好型人格

为什么我们不能做一个讨好型人格的人呢？

因为拒绝成为讨好型人格，我们才能获得真正的自由，我们才能活得轻松、快乐，才能更加健康地成长。

相信正在看这本书的你，也不想成为一个讨好型人格的人。如果你已经有了这方面的苗头，没关系，从现在起做出改变。

改变首先需要认知，只有对事物有了了解之后，我们才能有的放矢，通过一些有效的方式方法来改变现状。

从下一章开始，我将会带领大家进入讨好型人格的世界，我们会看到很多生动且有趣的例子。我希望各位能在故事中学到一些东西，从而拒绝讨好型人格，成为更好的自己。

下面四段话，希望你能时不时翻出来，并大声朗读。

过去，我常常为了取悦他人而压抑自己的声音和意见，但现在，我能够勇敢地表达自己的想法和立场，不再过度担心他人的评价或反应。这种自信让我在人际交往中更加从容和自如，不再感到焦虑和不安。

过去，我因过于关注他人的需求和

期望而忽视了自己的权益和边界，但现在，我能够平等地对待他人，尊重他们的意见和选择，同时也维护自己的权益和边界。这种平等的交往方式使我的人际关系更加和谐和稳定。

过去，我因过度依赖他人的评价和认可而忽视了自己的内心需求和发展，但现在，我更加专注于自己的兴趣、激情和目标，追求自己的梦想和价值。这种专注让我感到更加充实和满足，不再需要他人的认可来定义自我价值。

过去，我依赖他人的支持和帮助，缺乏独立性和自主性，但现在，我能够自主决策和行动，自由掌控自己的生活。这种独立性让我能更好地掌握自己的生活和命运。

思考一下

你是一个讨好型人格的人吗？你以前在讨好别人的时候有过怎样的行为呢？在还没翻开这本书之前，你是怎么看待讨好这种行为的呢？如果你还没有想过，没关系，你可以在接下来的章节中，看看你有没有做过和故事中的小朋友类似的事情。

对了，如果你觉得自己已经被讨好型人格所困扰，不妨将上面的那四段话抄下来带在身边，时刻提醒自己。

爱人先从
爱自己开始

爱人先爱己，这一点也没错。我们只有先爱护自己、关注自己、照顾自己的内心感受，才不至于变成一个讨好型人格的人。

你的想法很重要

在成长的旅途中，我们经常被大人们提醒要做一个善良、友好和乐于帮助别人的好孩子。这些闪光的品质确实很棒，但有时候，我们可能因过于关注是否能取悦他人，而忽略了自己真正的需求和愿望。

首先，我们要记住，每个人都是独一无二的，每个人都有自己的想法和感受。即使是小朋友，也有自己的小小世界。有时候，我们可能对某些事情有不一样的看法，或者对别人的话有点小疑问。这并不意味着我们是顽皮或故意找碴儿，而是因为我们也有自己的思考和判断。所以，我们应该说出自己的想法，大胆表达自己的看法，而不是一味地迎合别人。

我有不同的想法。

其次，如果我们能拒绝成为"讨好型小超人"，就能更好地培养自己的自信心和独立性。当我们发现自己的想法被大人们认真对待时，我们会更勇敢地表达自己的见解，并学会独立思考。这种独立能力在我们长大以后会显得非常重要，因为未来我们会碰到很多需要自己做决定的时刻。

当我们不再总是讨好别人时，我们就会学习如何更好地与人沟通。我们不仅要学会表达自己的想法，还要懂得倾听别人的意见，掌握与别人进行有效沟通的技巧。这样的沟通技巧对我们将来交朋友和进入社会都非常有帮助。因为大家都欣赏有自己的想法并勇于表达出来的人。

小故事

小梅是个温柔、善解人意的孩子，但她总是担心自己的意见会让别人不高兴，因此她很少表达自己的看法，即使她不同意别人的想法，也很少说出来。小梅常常在心里想，如果她说出自己的意见，可能会让别人不高兴，甚至会造成麻烦。

毫无意外地，小梅的这种行为在日常生活中给她带来了一些困扰。

有一天，小梅的班主任在课堂上讲述了"自我表达"的重要性："同学们，每个人都有自己的想法和感受，这些都很宝贵。你们应该勇敢地表达自己的想法，因为你们的想法也很重要。"

小梅认真思考了老师的话，她开始意识到自己总是忽略自己的感受，努力去迎合别人，这并不是真正的友好和善良。她决定要改变自己。

小梅认识到自己的意见同样重要，于是她不再轻视自己的想法。在课堂上，她开始举手表达自己的观点，即使这些观点与老师或同学们的想法不一致。她还学会了倾听并尊重自己的内心感受，不再盲目迎合别人。此外，她开始与那些欣赏她真实自我的人建立友谊，而不是那些只接受她讨好的人。

最重要的是，小梅学会了拒绝那些她不愿意或令她不舒服的请求，她明白了拒绝并不意味着不友好。

不！我有我的想法。

小梅在一点点改变，这让她变得更加自信和快乐。她发现，当她勇敢地表达出自己的想法时，不仅赢得了同学们的尊重，而且也获得了老师的认可。

小梅的爸爸妈妈看到女儿的变化，高兴地对她说："小梅，我们很高兴看到你变得更加自信。记住，你的想法和感受很重要，不要因害怕而不去表达。"

思考一下

我要是说出来了，他岂不是不开心了？

你有过类似小梅先前那样的情况吗？你是否也有过将自己的想法压下来，去赞成别人的想法的时候呢？

当你的观点与别人不同时，你为什么不敢听从自己内心真实的声音呢？你是害怕与别人产生冲突还是希望别人能够开心呢？

下一次，试着将自己的想法如实表达出来吧。

没必要牺牲自己

我们不需要为了让别人开心而牺牲自己，因为这样做的后果，会让我们感到疲惫和不快乐。

我们应该知道，每个人都是独一无二的，有属于自己的才能、兴趣和价值观。我们不能为了让别人满意就放弃自己的特点。

有时候，别人可能会对我们有一些要求或期望，但这并不意味着我们必须无条件地接受。学会说"不"是一项重要的课题，是一种保护自己的方式，可以帮助我们避免过度满足别人的需求，从而保护自己的时间和精力。当我们能够坚定地说出自己的意见和需求时，我们就会更加自信和独立。

此外，平衡给予与接受间的关系也是非常重要的。在与同学们的相处中，我们应该学会把握好关心他人和自己之间的平衡。如果我们总是只关注别人的需求而忽视自己的需求，那么我们就会感到疲惫和不快乐，因为我们的内心会感到压抑，会失去自我。相反，如果我们能够平衡好关心他人和自己之间的"度"，我们就能和他人建立更加健康和平等的关系。

小故事

小浩总是把自己的需求放在最后。他常常为了同学们的请求而放弃自己的休息时间，甚至在分配玩具和零食时，也总是让别人先选，自己拿剩下的。他以为这样做能让自己更受欢迎，但慢慢地，他开始感到疲惫和不快乐。

一天，小浩的奶奶来学校接他放学，发现他情绪低落。奶奶问他："小浩，你最近看起来不太开心，是遇到什么事了吗？"小浩把自己的想法和感受告诉了奶奶。

奶奶认真地听完，然后对他说："小浩，让别人高兴固然是好

事，但这并不意味着你需要牺牲自己。记住，你的感受和需求也同样重要。"

小浩抬头看着奶奶，似有所悟。他开始意识到自己不必总是讨好别人，学会拒绝他人和照顾自己也是很重要的。

于是小浩不再忽视自己的需求，比如当别人的请求与自己的需求发生冲突时，他会礼貌地说"不"，并按照自己的意愿去做事。尽管他依旧乐于助人，但他学会了在帮助别人的同时，也给自己留出时间和空间。他用这些时间与空间关心自己的感受，做一些让自己快乐的事情，比如画画、踢足球等。

　　不久之后，小浩的改变让他变得更加自信和快乐。他发现，当他不再忽略自己的需求后，不仅自己的生活质量提高了，同时也赢得了同学们的尊重和理解。

 思考一下

　　你有自己的爱好吗？你平时喜欢做什么呢？如果你正在做自己喜欢做的事，刚好有人叫你去做别的，你会停下手中的事吗？你觉得在什么情况下，你应该停下手中的事去做别的事呢？而又在什么情况下，你可以对叫你的人说"不"并让他等一会儿呢？

我先把我自己的事做完，请你等会儿。

委屈就要大声说出来

对嘛，如果感到委屈，千万别压抑自己。

　　首先，当我们感到委屈或不快乐时，心里就仿佛飘满了乌云，如果不把这些乌云吹散，可能会使我们的身体和心情都受到伤害。而说出内心的感受，就像吹来一阵春风，能把乌云吹散，我们的内心也会变得明亮起来。

　　其次，告诉别人我们委屈的感受，可以让他们知道我们是怎么想的。在和朋友们一起玩的时候，可能会遇到一些不公平或者让人不开心的事情，这时候如果我们什么都不说，朋友们就不知道我们很难过或者生气。但是，如果勇敢地告诉他们我们的感受，他们就能理解我们的心情，知道我们的想法，这样就能更好地和我们相处。

最后，如果我们总是把委屈藏在心里，别人就很难真正了解我们，也就没法和我们成为真正的好朋友。我们需要让别人知道我们的想法，而勇敢地说出自己的感受，就是一个非常好的方式。

小故事

小月是个文静而内向的孩子，她总是习惯于忍受小委屈，不愿意表达自己的不满或说出自己的困扰，因为她不想给别人添麻烦。

一天，在美术课上，老师布置了一个绘画作业，要求每个同学画一幅自己最喜欢的卡通画。小月非常认真地完成了作业，画了一幅特别漂

亮的画。可是，在课间休息时，同学小刚不小心撞翻了她桌子上的调色盘，她的画作被弄脏了。

小月心里非常难过，自己好不容易画好的画就这么被弄脏了。但她没有说出来，只是默默地把画纸收了起来。她想：如果我说出来，小刚可能会感到内疚，我还是不要让他不开心了。

放学后，小月独自一人坐在学校的草坪上，望着天空发呆。班主任李老师注意到了她的不开心，便走过来询问："小月，怎么了？你看起来心情不太好。"

小月犹豫了一下，她决定把事情告诉李老师："老师，我的画作被小刚不小心弄脏了，我很难过，但我没有说出来，因为我不想让他感到内疚。"

李老师认真地听完，然后温和地说："小月，你有权利表达自己的感受。你的委屈和快乐同样重要。如果你不说出来，别人可能永远不知道你的感受。"

对不起。

受到李老师的鼓励，小月鼓起了勇气。第二天，她找到小刚，小声但坚定地说："小刚，昨天我的画作被你撞倒的调色盘弄脏了，我感到很委屈。我知道你不是故意的，但我希望你能理解我的感受。"

小刚听了小月的话，感到非常抱歉："小月，我真的很抱歉，我没想到会这样。我们一起再画一幅，好不好？"

小月感到一阵轻松，她发现表达自己的感受并没有让小刚不开心，反而让他们的友谊更加坚固了。从此，小月学会了一件事，那就是当自己感到委屈时，要勇敢地说出来。

思考一下

你有过委屈的时刻吗？委屈时你都是怎么做的？你会将自己的委屈告诉给爸爸妈妈吗？你觉得爸爸妈妈会理解你的委屈吗？

如果你想到了让自己感到委屈的一件事，不妨学学小月的勇气，去向爸爸妈妈倾诉一下吧。

上次我觉得有点委屈。

成长从说"不"开始

  在我们的成长旅途中，学会说出"不"这个字非常重要。虽然它只有一个字，但它背后有着非常深刻的含义。它不仅是我们保护自己的一种方式，也是我们变得更加独立和自信的重要一步。

  想象一下，生活中有很多对我们来说重要的事情，如果我们总是轻易地答应别人的请求，那么时间和精力就会被分散到很多不重要的事情上。这样，我们就没有足够的时间去做真正重要的事情了。但是，如果我们学会了说"不"，就能有效地避免被不必要的事情占用时间和精

34

力，让我们能更专注于自己的目标和喜好。

啊？可我还有自己的事呢。

当我们学会拒绝别人的某些要求时，我们就不需要依赖别人的认可来获得满足感，而是可以更坚定地走自己的路。这种独立性不仅能让我们更好地掌握自己的生活，还能增强我们的自信心，让我们更有勇气面对生活中的挑战和困难。

当然，我们需要记住一点，说"不"并不是要我们完全拒绝别人的请求，而是要我们把握住自己的生活。我们需要根据自己的实际情况，来判断什么时候应该说"是"，什么时候应该说"不"。只有在正确的时间做出正确的选择，我们才能更好地平衡内心和外界的关系，从而更好地成长。

小故事

小勇是个活泼开朗的孩子，但他总是很难拒绝别人的请求，即使这些请求对他来说并不容易或者并不公平。

小勇的爸爸妈妈注意到了他的这个习惯，他们决定帮助小勇学会在适当的时候说"不"。一天晚上，爸爸对小勇说："小勇，成长的过程中，学会说'不'是非常重要的。这不仅能帮助你保护自己，还能让你

变得更加独立和自信。"

　　小勇听了爸爸的话，开始认真思考。他意识到，自己总是害怕拒绝别人，是因为担心会因此失去朋友或者让对方不高兴。但他也明白，接受所有的请求经常会让自己感受到压力和不快乐。

　　第二天，小勇在学校里就遇到了一个挑战。班上的一些同学要求他帮忙完成一项小组作业，但这是一项很复杂的工作，而且这些同学一点准备工作都没有做。小勇想起了爸爸的话，他鼓起勇气说："对不起，我现在没有时间帮助你们。你们应该早点计划这项作业怎么完成。"

　　虽然同学们有些失望，但小勇并没有感到内疚。他知道，自己也需要时间来完成自己的作业和其他活动。

　　随着时间的推移，小勇逐渐学会了在适当的时候说"不"。他发现，这样做并没有让他失去朋友，反而让他赢得了更多的尊重。他开始有更多的时间来做自己喜欢和重要的事情，他的生活变得更加有序和快乐。

自此之后，小勇学会了一个重要的生活技能——在适当的时候说"不"。这不仅能帮助他保护自己，还能让他更加专注于自己的目标。

思考一下

我如果说了"不"，是不是也没有用呢？

你有过跟别人说"不"的时候吗？你觉得说出"不"字是不是要经过一番内心的挣扎？如果你说过"不"，那你是如何克服内心的挣扎的？如果你没有说过或很少说，那你为什么不说呢？是不好意思呢，还是因为担心自己就算说了"不"，自己的想法也不会被重视呢？

如果你很少说"不"，下一次，请试着从对一些小事说"不"开始，好吗？

做不到就不要答应

当我们答应别人的请求前，需要先想一想自己是否真的能够做到。这不仅是对自己负责任的体现，也是对别人最基本的尊重。

我们应该仔细思考自己是否有时间、精力去完成这件事。如果我们发现自己做不到，那么就应该诚实地告诉对方，而不是随意答应对方然后让自己陷入困境。

一个值得信赖的人会非常珍视自己的诺言，不会随意说出口然后忘记，或者因为其他一些原因而没有做到。有的时候，我们会因为不想让对方由于被拒绝而失望难过，因此才满口答应下来。但实际上，如果我们答应下来最终却没有做到，会让对方更失望更难过。想想看，若是别人答应了你而最终没有做到，你是不是很伤心呢？因此，将心比心，对于别人的请求，我们要量力而行，不要随意承诺。

答应之前先想一想自己能不能做到。

要知道，就算我们答应不了别人的要求，只要诚实地告诉对方："抱歉，我无法答应你，因为我做不到。"也不会影响我们在他人心目中的形象和朋友之间的感情。相反，随意承诺才会损害我们的形象，并且伤及彼此之间的友情。我们肯定不想听到朋友们指着我们的背影说："看，就是那个人，答应了却没做到，真是一个爱撒谎的人。"

小故事

小亮是个热心肠的孩子，总是愿意帮助别人。然而，他有时为了不让别人失望，会轻易地答应一些超出自己能力范围的请求。

比如，有一天，班上的同学们正在为即将到来的学校文化节做准备。小亮的好友小华找到他，希望他能帮忙制作一个复杂的机器人模型

参加展览。小亮不想让小华失望，便立刻答应了，尽管他并没有制作机器人的经验。

接下来的几天，小亮努力尝试制作机器人，但他很快发现这件事比他想象的要困难得多。他的时间全被这件事占据了，甚至影响了他的学习和休息。随着文化节的临近，小亮感到越来越焦虑，因为他知道自己无法按时做好机器人模型。

小亮的老师注意到了他的困扰。课后，老师找到小亮，关心地询问他的情况。小亮把整件事情告诉了老师，包括他的焦虑和无法完成的承诺。

老师认真地听着，然后温和地对小亮说："小亮，帮助朋友是好事，但做不到的事情就不要随便答应。这样不仅会给自己带来压力，还可能让你失信于人。"

小亮垂下头，嘟着嘴，意识到了自己的错误。他决定找小华坦白，说明自己无法完成机器人模型的制作，并为之前的轻易承诺道歉。

我们找人一起帮忙吧。

小华虽然有些失望，但他理解小亮的处境，并感谢小亮的坦诚。他们一起找到了其他同学，组成了一个团队来共同完成机器人模型的制作。

最终，在大家的共同努力下，机器人模型按时完成了，并在学校文化节上获得了好评。小亮也学到了宝贵的一课：在做出承诺之前要审慎思考，做不到就不要随便答应。

思考一下

原来因为做不到而不答应，对方也不会讨厌我呀。

你有过随意承诺的经历吗？你当时是怎么想的，是不是因为害怕不答应，对方会失望呢？换位思考一下，如果你去找朋友帮忙，但朋友没有答应，同时他明确地告诉你，他没有这个能力，他办不到。你是否会厌恶他呢？

当然不会。所以，下一次你有什么事情做不到的时候，也可以将实际情况告诉别人，可千万不要随口答应哦。

退让并不总能带来和谐

在处理人际关系时，我们常常被告知退让是维护和谐的重要手段。然而，这种观念并不完全正确。有时候，我们需要勇敢地表达自己的意见并说出自己的需求，划定合理的界限，并通过协商互让来达成共识。

首先，我们要认识到，长期的退让会让我们的内心处于不满和压抑的状态，会伤害到我们自己，并且也不会让对方对我们产生感激与理解，反而会助长对方嚣张的气焰，让矛盾越来越深。

因此，我们不必刻意回避冲突与矛盾。这并不是鼓励我们变得自私

或固执，而是提醒我们要学会尊重自己，勇敢地维护自己的权益，避免被他人轻视。当然，这并不意味着我们一定要与他人争吵或退让，而是要通过协商互让来解决问题。

需要注意的是，当我们表达自己的意见和需求时，要注意方式和方

法。我们应该尊重他人的观点，避免使用攻击性的语言或态度。同时，我们也要学会倾听他人的意见和需求，尝试理解他们的立场和感受。

当发生冲突时，大家需要一起寻找彼此都能接受的解决办法。虽然我们可能需要做出一些让步，但这种

让步应该是相互的，而不是只有你或者对方单方面退让。记住，只要我们坚持公平和合理的处事态度，相信最终大家一定能达成共识，找到最好的解决办法。

 思考一下

你有没有和别人吵过架呢？当时的情形是怎样的？最后你们又是怎么停下来的呢？

我忍！一切为了和谐！

在吵架的过程中，你有没有表达过自己的想法？如果有，你是如何表达的？如果没有，你当时为什么不表达呢？是害怕冲突升级吗？

虽然我不建议大家吵架，但如果真的发生了这样的事，我们也不要为了所谓的和谐而选择隐忍或退让，我们可以选择暂时回避，等到对方冷静下来之后再和对方好好谈一谈，必要的时候，也可以寻求老师或家长的帮助。

你不必活在别人的嘴里

　　很多时候，我们会很在意别人的想法与评价，其实这是不好的。因为这种习惯会让我们逐渐滑向讨好型人格，不知不觉地就成了一个讨好型人格的人。这是由于我们将太多的注意力放在了别人身上，而没有关心自己。不过，现在发现这一点也不晚，我们还来得及改变。

你是谁，由你自己说了算

　　每个人都是特别的，就像一片独一无二的树叶。我们不需要为了让别人喜欢而改变自己。我们是谁，以及我们的价值，都由我们自己来决定。

　　打个比方，这个世界就像一个超级大的水果糖罐子，里面有各种各样的糖果，每颗糖果都有它自己的颜色和味道。同样，每个人都应该有自己的样子，我们不应该因为别人的眼光而放弃做独立的自己。我们应该勇敢地接纳真实的自己，不论是优点还是缺点。只有这样，我们才能真正拥有自尊和自信，成为完整而真实的人。

没有两片树叶是完全相同的。

当我们坚持做自己的时候，我们就像是一颗闪闪发光的星星。这耀眼的光芒会让其他人看到我们的真实和自信，他们会因此更加喜欢和尊重我们。最重要的是，当我们为自己的选择感到自豪时，内心也会充满快乐和满足感。

记住，勇敢地做自己，是向着梦想前进的秘诀。只有用我们自己的眼睛去看世界，我们才能了解自己心里真正想要什么。这样，我们就能更好地追求自己的梦想，找到属于自己的幸福，并成为更好的自己。

小故事

小瑞是个喜欢画画的孩子，他的作品色彩鲜艳，充满了想象力。然而，小瑞有时候也会感到困扰，因为他担心自己的作品不被别人喜欢。

小瑞的同学有时候会对他的作品提出批评，说这些画应该这样画或那样画才对。小瑞不想让同学们失望，就会尝试按照他们的建议去修改自己的作品。但每次修改后，他发现自己的画就会变得平平无奇，他也不再那么快乐。

有一天，小瑞在美术课上完成了一幅自己非常满意的画作，但同学们看了之后，又开始提出各种各样的意见。小瑞感到非常迷茫，他不知

道是否应该再次修改。

　　美术老师注意到了小瑞的犹豫和不安。当她了解了具体的情况后，便走过来，看了看小瑞的画，然后对他说："小瑞，你的画很有特色，你不需要为了迎合别人而改变自己的风格。你的画，由你自己说了算。"

　　小瑞深受鼓舞，他意识到自己的画不需要得到每个人的认可，重要的是要画自己所想，画自己所爱，表达自己的情感和想法。从那以后，小瑞开始更加自信地画画，不再过分在意别人的看法。

　　随着小瑞逐渐长大，他的画作越来越

有个性，他的自信和坚持也赢得了同学们的尊重和欣赏。在学校的文化节上，小瑞展出了自己的大量作品，许多同学和老师看了之后都对小瑞的画赞不绝口。

思考一下

别人的意见可以参考，但不能盲从。

你有自己擅长的事情吗？你会不会因为别人的建议而改变自己的想法呢？

其实，我们可以听取别人的意见，但也要学会分辨。别人的建议或许确实很有价值，可以帮助我们成长和进步，然而最终做决定时，还是要基于自己的独特观点和感受。要记住，别人的意见只是参考，而我们要有自己的想法和判断。

记住一句话：你可以参考别人的意见，至于要不要改变，最终的决定权在你手里。

你有过拒绝采纳别人的建议的时候吗？当时你是怎么想的呢？

别人的评价未必真实

别人的评价不一定就是对的，因为每个人的看法都不同。就像有的小朋友喜欢玩积木，而有的小朋友喜欢玩玩偶一样。我们不必因为别人不喜欢我们喜欢的东西就放弃自己的兴趣，相反，我们应该坚持自己的喜好，并自信地表达出来。

有时候，人们的观点和意见受他们个人的经历、价值观和情绪的影响，难免会有些主观和偏见。如果我们过于依赖别人的评价来定义自己，那么我们会失去对自己真实价值的认识。

每个人都有自己擅长的事情。

每个人都有自己独特的才能，就像有的人擅长画画，有的人擅长唱歌一样。我们应该追求自己真正感兴趣的事物，并为之努力奋斗。通过不断学习和提升自己的技能，我们能够更好地实现自己的目标和梦想。同时，专注于自己的兴趣也会让我们更加快乐和满足，因为这是我们真正热爱的事物。

有时候，我们可能会害怕别人的评价，但自信能帮助我们克服这种恐惧。自信是一种内在的力量，让我们在面对挑战和困难时保持坚定和积极的态度。通过不断培养自信心，我们能够更好地应对他人的评价，并将其作为成长和进步的基石。

小故事

小朵是个热爱跳舞的孩子，她梦想着成为一名舞蹈家。然而，她总是很在意别人对她的评价，这让她在跳舞时感到紧张和不自在。

每当学校有文艺演出，小朵都会害怕上台。她担心自己的舞步不够完美，害怕被别人嘲笑。即使舞蹈老师和同学们都说她跳得很好，小朵还是无法放松。

有一天，小朵的妈妈带她去看了一场专业舞蹈团的表演。表演结束

后，妈妈语重心长地对小朵说："小朵，你看那些舞蹈演员，他们的舞姿那么优美。但你知道吗？他们也可能听到过不好的评价，可是他们没有让这些评价阻碍自己。"

小朵这才意识到，别人的评价未必真实，而且每个人的看法都会有

所不同。她决定不再过分在意别人的评价，而是专注于自己的舞蹈。

从那以后，小朵在练习舞蹈时更加自信和放松。她不再害怕犯错，也不再担心别人的看法。她开始享受舞蹈带来的快乐，她的舞蹈技巧也有了显著的提高。

学校又组织了一场文艺演出，小朵勇敢地报了名。在台上，她尽情地跳舞，完

全沉浸在音乐和舞蹈中。尽管演出结束后，她还是听到了一些不同的意见，但她已经学会了不去在意。

小朵的老师和同学们都注意到了她的变化，他们对小朵的进步赞不绝口。小朵的妈妈也称赞她："小朵，你的舞蹈有很大的进步。你学会了不在意别人的评价，这是成为一个优秀舞者的重要一步。"

思考一下

你会在意别人的评价吗？当别人评价你时，你会有什么感觉？你会觉得对方说得很准确，还是觉得不太对劲？

其实，别人嘴里的自己并不一定是真实的自己，很可能只是别人对我们的偏见。我们也不应该从别人的嘴里来了解自己。

同时，我们也不应该从别人的嘴里来了解其他人，我们自己也不该随意评判别人。

你是否评价过别人？你当时是怎么评价的？

别人嘴里的并不是我。

不要过度关注别人的想法

在我们成长的过程中，常常会受到周围人意见的影响。特别是小的时候，我们可能会觉得别人的意见很重要。然而，过分在意别人的看法并不是一个好习惯，因为它会给我们的心理健康带来一些不好的影响。

首先，太在意别人的看法，就会慢慢迷失自我。如果我们一味地迎合他人，从而忽略自己真正的兴趣和愿望，我们就没办法真正了解自己，也无法找到自身的价值所在。时间久了，我们可能会变得没有主见，不知道如何独立思考和做决定。更严重的是，我们可能会失去方向，变得像别人手中的傀儡一样。

其次，如果我们总是担心别人怎么看，可能会给自己带来很大的压力。这种压力会让我们感到焦虑和不安，甚至影响到学习和生活的其他方面。

因此，总的来说，我们不必过于在意别人的想法。我们应该学会尊重自己的感受，坚持自己的信念，同时也要学会尊重和包容他人的不同观点。

小故事

小慧是个学习十分刻苦的孩子，但她总是过于担心别人对她的成绩的看法，这让她感到压力巨大。

小慧的数学成绩一直不是很理想，她害怕同学们会因此而嘲笑她。每次面对数学考试或做数学作业时，她都会感到非常紧张，生怕别人会发现她哪里又做错了。这种紧张感让她无法集中精力，导致成绩一直难以提高。

一天，小慧的数学老师在课堂上讨论了关于学习态度的问题："同学们，学习是为了自己的成长，不应该被别人的想法干扰。你们要相信自己，勇敢地面对困难。"

小慧听了之后，开始反思自己的行为。她意识到，过分关注别人的

想法，只会让自己分心，影响学习效果。她决定改变自己的心态，专注于自己的学习。

小慧告诉自己，每个人都有自己的长处和短处，她不必因为数学成绩不理想而自卑。从此以后，她再遇到不懂的数学题时，会积极向老师和同学请教，努力提高自己的数学成绩。

在方法上，小慧学会了给自己设定目标，并在达成目标后给自己奖励，以提高学习的积极性。过了一段时间，她开始享受学习的过程，而不是只关注结果，这让她在学习时更加放松和快乐。

期中考试的时候，小慧的数学成绩有了明显的进步。她发现，当她不再过分在意别人的看法时，她反而能够更好地集中精力学习，也更能够享受学习带来的乐趣。

后来在一次数学竞赛中，小慧凭借自己的努力和自信，取得了优异的成绩。同学们开始向她请教数学问题，她也乐于分享自己的学习方法和经验。

思考一下

你有过像小慧之前那样的情况吗？你害怕自己做错题被别人知道并嘲笑吗？你在学校里考过的最低分是多少呢？你是如何面对的呢？

其实，学习是我们自己的事。老师和家长会关注我们，只是因为他们关心我们，想了解我们的情况，以便对我们进行恰当的教育。因此，我们在他们面前可以大胆地敞开心扉，不必因为觉得难为情而遮遮掩掩。至于同学们的想法也不必太过在意，因为你们都是在一条起跑线上的同龄者，谁也不比谁特殊。

学会肯定你自己

　　寻求他人的认可是一种很自然的心理需求，它源于我们作为社会性动物的本能。然而，过分依赖他人的认可可能会让我们迷失自我，因此我们需要学会自我肯定。

　　为了达到这个目的，我们要先学会欣赏自己。每个人都有自己的优点和长处，我们应该善于发现并欣赏自己的这些特质。当我们能够欣赏自己时，就会更加自信地面对生活中的挑战和困难。

如果我们对自己有很高的要求，希望自己可以快速成长，那么适当接受别人的批评和建议是很有帮助的。批评并不是对我们的否定，而是帮助我们成长和进步的阶梯。通过接受批评，我们可以发现自己的不足之处，然后努力改进，从而变得更加优秀。当然，接受别人的批评不代表失去自我或是讨好别人，而是自我提升的手段。

同时，在遇到困难或挫折时，我们也需要给自己一些鼓励和支持。这种鼓励可以帮助我们保持乐观的心态，继续前进。

小故事

小彩是个多才多艺的孩子，她喜欢画画、跳舞，还喜欢在学校的各种活动中展示自己的才华。然而，她总是过于在意别人的看法，做每件事都希望得到老师和同学的认可。

小彩的画作总是力求完美，因为她渴望获得美术老师的好评；她的舞蹈动作总是反复练习，因为她想在舞台上赢得同学们的掌声。然而，她逐渐发现，这种不断寻求外界认可的行为让她失去了做这些事情的乐趣，并使她在面对批评时变得脆弱和不安。

一天，小彩在家里为学校即将到来的才艺表演排练舞蹈。尽管她的

动作已经很优美了，但她还是不停地练习，希望能获得更多的赞扬。这时，她的奶奶走了过来，发现了小彩的焦虑，便对她说："小彩，寻求别人的认可没有错，但在此之前，你要先学会认可自己。"

小彩停下动作，与奶奶进行了深入的交流。她开始反思自己过于渴望他人认可的行为，意识到这样是不对的。

小彩开始学会欣赏自己的画作和舞蹈，不再单纯地为了获得别人的赞扬而创作和练习。她找到了自己真正热爱画画和跳舞的原因。

小彩每次画完画或跳完舞后，都

会先给自己一些正面的反馈和鼓励，而不是等着别人的评价。慢慢地，小彩开始享受画画和跳舞的过程，不再只关注结果。

才艺表演那天，小彩自信地走上了舞台。她的舞蹈充满了情感和活力，尽管没有得到所有人的赞扬，但她已经学会了接受这一点。她为自己的表现感到骄傲，因为她知道自己已经尽了最大的努力。

思考一下

你认可你自己吗？你觉得自己是一个什么样的人呢？如果满分是 100 分的话，你会给自己打多少分呢？

我希望你能给自己打一个高分，因为只有我们自己先认可了自己，别人才会真正认可与接纳我们。毕竟，一个连自己都不喜欢的孩子，又有谁会愿意接近他呢？

我会给自己打多少分呢？

别忘了先考虑自己

正如上一节所说，渴望他人的认可和赞赏是我们天生的情感需求。当我们还是婴儿时，就希望得到爸爸妈妈的拥抱和表扬，比如第一次自己站起来或者迈出第一步时。从小到大，我们心底都希望别人看到我们的努力，然后给我们一个大大的笑脸或者拥抱。但是，随着我们慢慢长大，我们需要明白，我们不能总是为了得到别人的赞扬而去做事。

世界上有各种各样的人，每个人都有自己的想法和喜好。就像你可能喜欢吃苹果，而你的朋友喜欢吃香蕉一样。如果我们总是为了让别人高兴而做事，只为了听到他们说"真棒"，那我们可能会忽略自己真正的兴趣。因此，我们应该学会做自己喜欢的事情，同时也尊重他人的感受，但不必为了取悦他人而改变自己。

有时候为了让朋友开心，我们可能会做一些自己并不想做的事情。比如，如果你的朋友想玩一个你不喜欢的游戏，但你为了不让他们失望还是去玩了，这可能会让你感到不开心，甚至情绪变得烦躁。所以，我们要学会说"不"，表达自己的感受，做自己认为对的事情。

说到底，我们应该优先考虑自己的感受和需求，而不是过分关注别人的意见，这才是最重要的。

小故事

小艾是个多才多艺的孩子，她喜欢唱歌、跳绳和画画。然而，她总是渴望得到老师和同学们的认可，这让她在做每件事时都显得有些紧张和缺乏自信。

小艾的画作色彩丰富，充满了想象力，但她总是担心别人不喜欢她的作品。每当她画完一幅画，都会迫不及待地拿给同学们看，希望能得到他们的赞美。如果有人提出批评意见，小艾就会感到沮丧，甚至怀疑

自己的绘画才能。

　　一次，学校要举办一个绘画比赛，小艾非常想参加，但她担心自己的作品得不到好成绩，会遭到同学们的嘲笑。她为此犹豫不决，不知道该不该提交画作。小艾的爸爸注意到了她的焦虑，语重心长地对她说："小艾，你不必过于关注别人对你作品的看法，你应该先考虑你自己，想想你是否喜欢你的作品。你的画作是你努力的结果，你应该为它们感到骄傲。"

　　在爸爸的鼓励与劝导下，小艾意识到自己应该自信起来，关注自己的感受。于是，她决定参加比赛，并提交了一幅自己最喜欢的画作。她告诉自己，不管结果如何，她都会为自己的作品感到自豪。

　　比赛结果揭晓了，小艾的画作虽然没有获

得第一名，但也得到了很多好评。尽管有些失落，但小艾没有像以前那样沮丧。她回想起爸爸的话，知道自己的努力是有价值的，自己的才能不需要完全依赖别人的评价。

从那以后，小艾在绘画和其他活动中变得更加自信。她学会了欣赏自己的作品，不再过分在意别人的评价。她自信和乐观的态度也感染了周围的人，同学们更加认可她的才华，也很欣赏她的个性。

思考一下

他们在干什么呀？

你有没有意识到自己的存在？虽然这么说可能有些不礼貌，但我猜，你很多时候会忘记自己。因为你常常关注别人，更在意别人怎么想，别人怎么看，别人想要什么。

其实，你应该多想想你自己，因为对你来说，自己的感受也是不容忽略的。

勇敢面对自己的恐惧

在我们的生活中，每个人都会遇到让自己感到害怕的事物或情境。这些恐惧可能来自未知的领域、失去控制的感觉，或是对失败和被拒绝的担忧。然而，正是这些恐惧给了我们机会去展现自己的勇气和决心。

首先，当面对恐惧时，不要试图一下子完全克服它。相反，我们可以从一些简单的事着手，逐渐让自己适应这种情境。比如，如果你害怕公开演讲，可以先在朋友面前练习，然后慢慢尝试面对更多观众。通过逐步增加难度，我们可以逐渐建立起自信心，增加勇气。

其次，在恐惧面前，我们容易陷入负面的思维模式中，幻想各种糟糕的情况。这种消极思维会加剧我们的恐惧感，而这往往只是我们无谓的担忧。所以，我们应该努力保持积极的心态，相信自己能够应对和克服困难。我们可以告诉自己"我可以做到""我已经接受过其他挑战，这次也不例外"。

最后，分享自己的感受也是非常重要的。当我们恐惧时，可能会觉得孤独和无助。在这种情况下，与身边的人分享我们的感受，可以获得他们的支持和理解。他们可能会给出建议或鼓励，帮助我们更好地应对恐惧。同时，分享也能让我们意识到，许多人都经历过类似的恐惧，我

们并不孤单。

总之，每个人都有自己害怕的东西，但勇敢的人会选择面对并尝试克服它。

思考一下

你有过害怕或恐惧经历吗？不瞒你说，我小时候害怕的东西可多着呢。不过，随着时间的推移，我逐渐克服了这些恐惧。比如，我曾经最害怕的事情是父母发现自己考试不及格，但现在回头一看，这种恐惧反而成了我努力取得好成绩的动力。所以，很多令我们恐惧的事其实并没有那么糟糕，尝试换个角度去看，事情也许就会变得不一样。

你有过克服恐惧的经历吗？可以试着和周围的人分享。

凡事都有一个限度

　　我们要避免滑入讨好型人格的陷阱中，就要学会给自己设置边界。要明白，什么事情都要有一个限度。我们要有自己的原则，而且不能无条件地一直原谅别人，否则，就会慢慢成为一个"老好人"，这样会很容易被人欺负哦！

请设立自己的边界

设立个人边界就像是我们生活中的安全界限，它帮助我们保护自己，让我们的需求和感受得到重视。这就像是我们拥有了一面看不见的盾牌，使我们在生活中更加独立，也能让我们和朋友们的关系变得更和谐。

首先，我们要像探险家一样，探索自己在情感、心理和物质上的需求，就像了解自己最喜欢的玩具和游戏一样。这一步非常重要，能确保我们和朋友相处时，我们的需求不会被忽视或侵犯。同时，还要学会说

"不"。这样，当我们感到自己的边界受到威胁时，就可以勇敢地拒绝别人的无理要求，既能保护自己，也能让别人知道我们的底线。

其次，维护个人边界时，我们需要像小勇士一样，采取坚定的态度并使用一些特别的技巧。当我们的边界被侵犯时，我们要果断地采取措施，捍卫自己的权益。同时，也要学会用一些智慧的方法，比如委婉的拒绝或转移话题等，以避免冲突升级。

最后，如果我们在维护个人边界时遇到困难，可以向爸爸妈妈或者老师寻求帮助。他们就像是我们的超级英雄盟友，可以给我们提供宝贵的建议和支持，帮助我们更好地应对挑战。

小故事

小雅是个友善且乐于助人的孩子，但她总是很难拒绝别人的请求，因为她不想让任何人失望。

她的同学知道她乐于助人，经常找她借文具，请求她帮忙做作业，甚至在玩游戏时让她放弃自己喜欢的角色。在一款游戏中，小雅喜欢玩射手，但总是被安排玩辅助类角色，这让她心里有些不高兴。这种一直尽力满足他人要求的做法，让小雅感到疲惫和不被尊重。

一天，小雅在图书馆看书时，发现了一本关于"设立个人边界"的书。她对这本书很感兴趣，通过阅读，了解到设立个人边界是保护自

己的一种方式，可以帮助我们说"不"，并确保我们的需求和感受得到尊重。

　　小雅看完书后，深受启发，决定开始设立自己的边界。

　　她开始明确自己的需求和舒适度，了解自己愿意和不愿意做的事情。当她感到别人的请求超出了自己的能力或舒适区时，她会礼貌地说"不"。比如，有一次，同学们又让她在那款游戏中充当辅助类的角色，她坚定地说："不！这次我要当射手，我喜欢射手！"

　　同学们看到小雅坚持自己的选择，便没有再做其他要求。

　　经过这次的"拒绝"之后，小雅学会了向同学们表达自己的感受，让他们了解她的边界。从此以后，小雅开始维护自己的个人边界，不再为了取悦他人而牺牲自己的时间和资源。当她在设立边界遇到困难时，还会寻求老师和家长的帮助与支持。

很快，小雅的同学们注意到了她的变化。起初，有些人对被拒绝有些微词，但小雅坚持自己的边界，并解释说这是为了她的学习和成长。

随着时间的推移，小雅发现设立边界不仅能帮助她更好地管理自己的时间和资源，还让她赢得了同学们的尊重。她的朋友们开始意识到，小雅不是可以随时随地使用的"资源"，而是一个有自己需求和感受的独立个体。

 思考一下

你有自己的边界吗？你有给自己设立边界的意识吗？

适当的边界能让我们拥有属于自己的天地。在边界内，我们就是自己世界的主宰，一切都由自己说了算，不会被别人打扰。边界可以帮我们建立起安全感和舒适区，这是每个人从小就应该学会的概念与意识。

如果你还没有划定个人边界，不妨现在就设置一个哦！

你的感受最重要

拒绝成为一个讨好型人格的人，从珍视并表达我们的感受开始。

我们应该学会表达自己的感受，而不是总是把它们压抑在心里或者假装它们不存在。当我们勇敢地分享自己的感受时，我们不仅能够得到更多的理解和帮助，还能和别人建立更深厚的友情。

首先，说出感受可以帮助我们释放压力，缓解紧张情绪。当我们遇到难题或者不开心的事情时，如果我们选择不说出来，这种不好的感受可能就会像小石子一样堆积起来，让我们感觉很沉重。但是，如果我们能够大胆地说出自己的感受，就可以像放下包袱一样，让自己变得轻松愉快。

其次，表达感受可以帮助我们与他人更好地交流和理解彼此。当我们和朋友或家人交谈时，他们可能不知道我们心里在想什么，除非我们主动告诉他们。通过分享我们的感受，可以让他们更清楚我们的想法、希望和情感，这样我们就可以建立更真挚的朋友关系。

小莉是个非常体贴的孩子，她总是很在乎别人的感受，却常常忽略了自己的需求。

小莉的同学都知道她很体贴，所以他们经常找她倾诉自己的感受，希望得到她的帮助和安慰。小莉总是耐心地倾听，给予他们支持，但她很少表达自己的感受和需求。

小莉的班级经常进行分组比赛，而且组队成员会在整个学期内保持不变。在三年级第二学期开始时，小莉被分到了一个她不太喜欢的小组。这让她心里有些不舒服，因为在小组讨论的时候，她的意见总是被

忽略。尽管心里有些委屈，但她对此只是保持沉默，因为她不想让同学们感到失望或难过。

随着时间的推移，这种不舒服的感觉逐渐影响了小莉的心情，她开始感到焦虑和不快乐。但她仍然努力隐藏自己的感受，不让同学们察觉。

小莉的妈妈注意到了她的变化，一天晚上，她问小莉："小莉，你最近看起来不太开心，是发生了什么事吗？"小莉把自己的想法和感受告诉了妈妈。

妈妈认真地听完，然后温和地对她说："小莉，你的感受很重要。你应该学会表达自己的感受，让别人了解你的需求。这不仅对你自己的身心有益，也能帮助别人更好地理解你。"

小莉开始意识到自己的感受同样重要。她决定在小组活动中表达自己的想法，告诉同学们她的感受。

自己的感受，要表达出来。

此外，小莉还找到老师，勇敢地说出了自己的感受和想法。老师理解了小莉的处境，重新调整了小组的人员分配，让小莉加入了她喜欢的小组。

在新的小组里，小莉感到非常开心和自在。此后，她越来越习惯于表达自己的想法和感受，同学们也变得更加尊重和理解她。

思考一下

不！我不喜欢这样！

如果遇到你不愿意做或不喜欢的事情，你会怎么做呢？你会将自己的真实想法表达出来吗？你是否曾遇到过类似的事情？

正如前面所说，你不必太在意别人的眼光和评价，你首先要考虑自己的需求。

因为，连你都不考虑你自己了，又有谁会考虑你呢，你说是吧？

完美主义也是一种讨好

完美主义看似是在追求最好的结果，但有时候它会让我们变得过于在意别人的看法，从而陷入无休止的内耗。为了摆脱这种困扰，我们需要学会接受不完美的自己，享受学习和成长的过程，变得更自信，并追求自己真正喜欢的事物。这样才能过上更自由和快乐的生活。

首先，我们要明白完美主义和追求卓越（更优秀）是不同的。虽然努力提高自己是值得肯定的，但如果太在意自己是否完美，就可能会带来焦虑和压力，不能好好享受学习和生活的乐趣。所以，我们应该接受每个人都有优点和缺点的事实，须知没有人能做到完美无缺。

其次，享受学习的过程很重要。学习就像是一段探险旅程，我们应该享受其中的乐趣和挑战。如果我们只关注结果而忽视了过程，就很容易陷入完美主义的陷阱。但如果我们专注于学习的过程，享受每一步，我们就能更好地发掘自己的潜力，取得更好的成绩。

小故事

小逸是个非常认真的学生，他认为只有做到最好，才能获得老师和同学们的赞赏。因此，他对自己的要求非常高，总是追求完美。

小逸的完美主义表现在学习和生活的每个细节上：他的作业必须反复检查，直到没有任何错误；他的绘画作品要修改多次，直到每个细节都无可挑剔；甚至在玩游戏时，他也总是想要赢，不能接受自己失败。

慢慢地，小逸越来越在意别人的看法，总是担心自己如果表现不够好，就会失去别人的认可和喜爱。这种心态让小逸感到极大的压力，他开始害怕犯错，害怕不完美。

一次，小逸参加了学校的数学竞赛。他非常努力地做准备，但还是在比赛中遇到了一些解答不了的难题。尽管他尽力了，但最后的成绩并没有达到他的预期。小逸感到非常沮丧，他觉得自己让老师和同学们失望了。

这时，小逸的数学老师找到了他，说："小逸，我知道你非常努力，但你要明白，完美主义并不总是有益的。它可能会让你失去尝试新事物的勇气，让你过分关注结果，而忽视了学习的过程。"

这番话让小逸开始反思自己的完美主义，并意识到它的问题所在。他发现自己总是害怕失败，因而不敢尝试新的挑战。而且他的完美主义实际上是在试图讨好每一个人，以获得他们的认可。这导致他将自己的价值感建立在别人的评价上，从而更容易受到外界影响。过分追求完美使他逐渐失去了自我，忘记了自己真正的兴趣和喜好。

意识到自己的问题后，小逸决定开始改变自己的完美主义倾向。他学会了接受自己的不完美，明白了犯错是学习和成长的一部分。并且他开始享受学习和探索的过程，而不是只关注结果。就算没有别人的认可，他也学会了自我认可，不再过分依赖别人的评价。

最重要的是，小逸开始追求自己真正感兴趣的事物，而不是仅仅为了取悦他人。

随着时间的推移，小逸的改变让他的生活变得丰富多彩。他发现，当他不再追求完美、不再过分在意别人的看法时，他能够更自由地探索世界，更勇敢地面对挑战。

我要找到自己真正的喜好。

思考一下

你有过完美主义的倾向吗？在你心目中，你觉得完美是一种怎样的状态呢？

其实，完美在这个世界上根本就不存在。我们每个人都既有优点，也有缺点，否则，我们就变得都一个样了。正是因为这个世界上每一个人的缺点和优点都不一样，我们才需要合作，我们的社会才会进步。

虽然万物皆有裂痕，但那正是光照射进来的地方呀！

原谅也要有限度

  我们得知道：人非圣贤，孰能无过。如果别人犯错是因为无心之失，或已经向我们诚恳地道歉，那么我们可以原谅他们。但我们需要知道原谅的界限在哪里，不能因为别人一句随口的道歉就把事情草草揭过。为此，我们也需要站出来表达自己的感受。通过好好说话和制定一些小规则，我们可以和别人建立更友好的关系。

  首先，原谅别人并不意味着我们就接受了他们的错误行为。相反，原谅是一种理解和包容错误的态度，但我们也要有自己的原则和底线。我们不能因为原谅别人而让自己或他人继续被不良行为影响。所以，在原谅别人的时候，我们要清楚自己的底线是什么，确保不会因为太宽容而导致问题变得更糟。

我是一个有底线的人。

其次，保护好自己的感受也很重要。当我们遇到不公平的情况时，不能因为谅解他人而忽略了自己的感受。我们有权利表达自己的不满，说出自己的困扰，并且要找到解决问题的方法。通过真诚的交流，我们可以告诉别人我们的想法和期望，同时也能更好地理解别人的观点。这样的沟通可以帮助我们建立更加平等和相互尊重的友谊。

另外，制定一些基本规则也是和朋友好好相处的关键。规则可以帮助我们明确彼此的责任，减少误会和争吵。当我们交朋友时，可以和朋友一起商量并遵守一些基本的规则，比如要诚实、互相尊重和支持对方等，这样我们就可以在理解和尊重的基础上相处得更好。

小故事

小辉是个善良且心胸开阔的孩子，他有一个朋友叫小强。小强经常因为一些小事对小辉发脾气，甚至有时候还会无理取闹。

小辉总是选择原谅小强，因为他认为友情是非常珍贵的，朋友之间

应该彼此包容。然而，小强似乎并没有意识到自己的行为对小辉造成了困扰，而且他的脾气发作得越来越频繁。

一次课间休息时，小强又对小辉发了脾气，只因为小辉没有和他玩他想玩的游戏。小辉感到非常伤心，他开始思考自己对小强无底线的宽容是否正确。

回家后，小辉的爸爸注意到了小辉的情绪变化，于是询问了事情的经过。小辉向爸爸倾诉了自己的困惑：他不知道是否应该继续无条件地原谅小强。

爸爸沉思了一会儿，然后对小辉说："小辉，宽容是一种美德，但每个人都有自己的底线。你可以选择原谅朋友，但原谅并不意味着无视自己的感受，也不意味着容忍不合理的行为。你应该教会朋友如何尊重你。"

小辉意识到原谅也应该有原则和限度。他决定和小强进行一次坦诚的对话，表达自己的感受，并设定一些基本的规则。

第二天，小辉找到了小强，认真地说："小强，我们是朋友，我愿意原谅你偶尔发脾气，但你也需要理解我的感受。我希望我们能相互尊重，如果你继续这样对我发脾气，我可能就不能继续和你一起玩了。"

原谅别人要有限度！

小强听到小辉的话非常震惊，他从未意识到自己的行为对小辉有这么大的影响。小强向小辉道歉，并承诺会努力改掉自己的坏脾气。

从那以后，小强真的开始努力控制自己的情绪，他和小辉的友谊也变得更加坚固。通过这件事，小辉学会了保护自己，明白了原谅应该有限度，而且坚持原则并不妨碍自己成为一个善良和宽容的人。

思考一下

我原谅你，但我不想看到你再次犯错。

你原谅过别人吗？你当时是因为什么原因而选择原谅对方的？你是否经常原谅同一个人？

其实，原谅并不代表事情已经过去了，原谅只是我们容忍了这一次的错误，但绝不允许别人一直犯错。

原谅别人，也该有一个限度，否则，自己被别人欺负了都不知道呢。

你要有你的原则

每个人都应该坚持自己的原则，并勇敢地守护它们。就像我们玩捉迷藏游戏时，每个人都有一个"家"，无论外界有什么诱惑，我们都要坚定地待在自己的"家"里。同样，在面对各种选择和诱惑时，我们的内心也会有一个指引，那就是我们的原则。

我们的原则反映了我们的价值观、信仰和道德准则。它们是我们行为的基石，也是我们与他人交往的底线。就像我们在玩游戏时，有的游戏规则是不能违反的，否则就会被淘汰出局。

即使面临朋友的压力，我们也不应该轻易妥协或违背自己的原则。朋友之间的相互影响是难以避免的，但我们不能因为一时的迎合而放弃自己的原则。相反，我们应该坚定地表达自己的看法，用真诚和勇气去维护自己的原则。

在成长的道路上，坚持原则是使我们走得更稳更远的关键。当我们面对各种诱惑和困境时，原则会成为我们内心的指南针，帮助我们找到正确的方向。它会让我们在迷茫中保持清醒，在挫折中找到积极向上的勇气。

小故事

小瓜是个诚实守信的孩子，但因为不想让朋友失望或生气，他有时候在朋友面前很难坚持自己的原则。

有时候，小瓜的朋友会拉着他做一些他不太赞同的事情，比如不按顺序排队或在课堂上偷偷说话等。小瓜知道这些行为不对，但他害怕拒绝朋友会让自己变得不受欢迎。

一次，小瓜的班级组织了一次集体活动，大家需要分组完成一个项

目。老师规定所有的任务都要自己动手做，但小瓜所在组的组长却想靠别人来完成——他的哥哥是高年级的学生，完成这些任务相对来说容易许多。小组里的其他同学都赞成组长的决定，唯有小瓜，认为这么做有些不妥，因为这违反了老师的规定。

回家后，小瓜把这件事告诉了妈妈。妈妈认真地听他说完，温柔地对他说："小瓜，坚持自己的原则很重要。虽然这样做可能会让你失去朋友，但从长远来看，它会帮助你成为一个正直且受人尊敬的人。"

小瓜听了妈妈的话，决定勇敢地表达自己的看法。第二天，他找到小组的成员，诚恳地说："我觉得我们应该遵守老师的规定，用正确的方法来完成这个项目。这样我们才能问心无愧。"

起初，小组成员有些不满，但小瓜坚定地坚持自己的原则，最终其他人决定采纳小瓜的建议，选择了靠自己来完成任务。

项目完成后，老师表扬了小瓜所在的小组，并强调了遵守规则的重要性。小瓜的同学也开始意识到小瓜的坚持是正确的，他们对小瓜更加尊重和信任了。

坚守我们的原则，绝不退缩！

思考一下

就打破一次，应该没啥问题吧？

你有原则吗？你的原则是什么？你有没有因为朋友而打破过自己的原则呢？

有的时候，你以为打破一点点原则没关系，因为你并未将原则全部打碎。但是，你是否听说过，很多事情，有了第一次，就会有第二次，甚至更多次。

所以，你一定要坚守你的原则，一点都不能动摇哦。

可以发火，但要控制

我们不应该总是取悦他人，有时候也应该表达自己的不满和愤怒。然而，当我们感到生气时，一定要注意控制自己，不要伤害到别人或者造成不好的后果。

首先，我们要知道自己的立场和价值观，不要为了别人而违背自己的原则。如果觉得不公平或者不开心，我们有权利表达自己的想法和感受。适当地发怒可以让我们更好地捍卫自己的权利，同时也能让别人了解我们的态度和底线。

　　但是，即便当我们感到生气时，也切记要尽力保持冷静和理智。生气并不意味着要失控或者变得暴力，而是要用理智的方式来表达不满。我们可以选择一个合适的时间和地点，用恰当的语言和语气说出自己的想法，避免使用攻击性的言辞或行为。

　　另外，我们还要学会管理自己的情绪。生气可能会导致他人对我们产生反感或引发冲突，因此控制好自己的情绪至关重要，避免太过激动或者做出冲动的行为。可以通过深呼吸或者其他的方法来帮助自己保持冷静和理智。

　　最后，我们要认识到，生气并不是解决问题的唯一途径。有时候，通过与他人沟通，我们可以找到更有效的解决办法，避免不必要的冲突和矛盾。因此，在我们感到生气之前，应该先尝试其他解决问题的方法，比如听取他人的意见或者寻求成年人的帮助。

思考一下

你有没有生过气？你最近一次发火是在什么时候？当时的你是什么感受，为什么而发火呢？

虽然发火是不对的，但我们也不应该压抑自己的情绪，对吧？不过，下次发火时，我们需要注意控制一下情绪。我们可以表达自己的愤怒，但不要愤怒地表达。比如，你可以说："我很生气！"而不是直接摔东西，因为那样就有些过分了。

只需再勇敢
一点点

当我们的内心足够强大的时候，就能拥有告别讨好型人格的力量。我们不仅要关注自己，不要太在意别人的想法，还要培养一颗强大的内心，以及培养好的习惯，让我们更加自信与坦然。

别让自卑伤害了你

自卑感就像是一片小小的乌云，有时候会飘进我们的心里，让我们觉得自己不够好。但实际上，我们有很多优点，只是自己暂时没有发现而已。所以，我们要像探险家一样，去发掘自己内心的宝藏，不要让这片乌云遮住阳光。

每个人都像一本书，虽然书的封面和插图不一样，但每本书的故事都很精彩。你可能擅长画画，跑得很快，或者很会讲故事，这些都是你独特的能力！我们要像对待珍宝一样珍惜这些能力，而不是总和别人做比较。当我们知道了自己的优点和需要努力的方向时，就能变得更加自信和坚强。

每个人都是一本精彩的故事书。

面对挑战其实是一件很有趣的事情。每次挑战都是一次机会，让我们能够学习新技能，变得更强大。即使有时候跌倒了也没关系，因为我们总能爬起来，抖掉身上的灰尘，继续向前。

多去尝试新事物，比如参加学校的活动或者和朋友一起做手工，都可以帮助我们变得更自信。每次做完一件事情，都会觉得自己好像更厉害了一点，这种感觉真的很棒！

小故事

小梅是个文静且有才华的孩子，她喜欢画画和音乐，但她常常感到自卑，因为她觉得自己不如其他孩子那么出色。

她的同学在许多方面都很优秀，有的擅长运动，有的学习成绩突出，还有的在舞台上很自信。看到他们的表现，小梅总会觉得自己不够好，这种自卑感让她在尝试新事物时总是犹豫不决。

一次，学校要举办一场才艺展示大赛，鼓励所有学生展示自己的特长。小梅很想参加，但她的自卑让她不敢报名。她害怕自己的表现不够

好，害怕同学们会嘲笑她。

小梅的姑姑注意到了她的犹豫和不安，一天晚上，她拉着小梅的手，温柔地说："小梅，每个人都有自己独特的才能。你不需要和别人比较，你的才华和善良是你最宝贵的财富。"

经过一番谈话，小梅开始意识到自己的自卑是不必要的。她决定报名参加才艺展示大赛，并选择了自己最擅长的画画作为展示项目。

在准备的过程中，小梅逐渐克服了自卑心理。她专注于自己的创作，不再担心别人的看法。她的画作充满了色彩和活力，展现了她丰富的内心世界。

大赛当天，小梅勇敢地展示了她的画作。虽然她的手有点颤抖，但她的内心却充满了坚定。评委和观众们都被她的画作打动，现场响起了热烈的掌声。

小梅的老师和同学们都对她的才华表示赞赏。她的一个朋友对她说："小梅，你的画太美了，你真的很有天赋。"

这次经历让小梅收获了自信，她认识到不应该让自卑阻碍自己展示才华。从那以后，小梅在学习和生活中变得更加自信和勇敢，她开始尝试更多新事物，并在各个方面都取得了进步。

思考一下

每个人都有优秀的一面。

你有没有过自卑的感觉？你那时是怎么想的呢？你会不会觉得自己有哪里不好，比不过别人呢？

其实，我们每个人身上都有闪光点，也许你觉得自己不够好看、不够优秀，那是因为你还没有发掘出自己的优点。也许在别人眼里，你也是被欣赏或被羡慕的呢。

试着在一张纸上罗列出自己的优点吧。

学会维护自己的利益

在成长过程中，学会为自己发声和维护自己的权益是成长过程中的一个重要技能。在日常生活中，我们经常会遇到需要维护自己利益的情况。但是，很多同学可能会忘记关注自己的需求和权益，而更多地考虑别人的感受和需求，这会让他们在与朋友的相处中感到有些被动。

实际上，关注自己的需求和权益并不代表我们自私或者不顾及别人。相反，这是一种正常的与人相处的方式，它可以教会我们在帮助别人和照顾自己之间找到平衡。若我们能够清楚地告诉别人我们的需要和想法，不仅能够满足自己的需求，还能与他人建立更加健康和平等的关系。

别忘了维护自己的权益。

我们应该学会用简单明了的方式来表达自己的想法和感受。通过和朋友平等的沟通，我们可以更好地了解彼此的需求和期望，从而找到大家都满意的解决问题的方法。这样的沟通不仅能减少误解和争执，还能增进我们之间的信任，并得到他人的尊重。

我们有可能遇到一些不公平或不合理的事情，这时候就需要勇敢地站出来，为自己争取应有的权益。无论是在学校里争取公平的待遇，还是在与朋友的相处中维护自己的尊严和权益，我们都需要勇敢地明确表达自己的观点和立场。只有当我们能够坚定地保护自己的权益时，我们才能赢得别人的尊重和认可。

小故事

小明是一个非常乐于助人的孩子，但他有时因为太顾及他人，而忽略了自己的利益和需求。

小明的同学都知道他很乐意帮助别人，所以经常向他借文具或请求他帮忙完成小组作业。小明总是尽力满足他们的请求，哪怕自己因此缺少文具或没有时间做自己喜欢的事情。

　　一次，学校组织了一个科学展览，小明花了很多时间和精力准备了一个关于太阳能的展示项目。然而，就在展览的前一天，同学小华找到他，请求加入小明的项目，因为小华自己没有做任何准备。

　　小明心里有些犹豫，因为他知道自己的项目已经很完善，而且他担心小华的加入可能会影响项目的展示效果。但他又不想拒绝小华，担心这样会失去这个朋友。

　　回到家后，小明把自己的烦恼告诉了爸爸。爸爸听完后认真地说："小明，学会维护自己的利益是很重要的。在帮助别人的同时，你也要学会保护自己的权益。"

　　小明深受启发，他意识到自己需要在帮助他人和保护自己之间找到平衡。他决定和小华进行一次坦诚的对话。第二天，小明找到小华，诚恳地说："小华，我很愿意帮助你，但我的太阳能项目已经准备得很充分了，我担心现在加入新成员会影响展示效果。我们可以一起考虑下次的项目，如何？"

小华听了小明的话，虽然有些失望，但他理解了小明的意思，也没有过多纠缠。

科学展览当天，小明的太阳能展示项目大获成功，赢得了老师和同学们的一致好评。小明也学到了宝贵的一课：在帮助他人的同时，也要勇于维护自己的利益。

思考一下

你是否维护过自己的利益呢？你是怎么做的？

其实，就像爱人先爱己一样，我们自己的利益，需要自己去维护，无论是现在还是以后我们长大了，都需要牢牢记住这一点。这么做会让我们少很多烦恼，也会减少很多无谓的精神内耗，更不会让我们落入讨好型人格的泥潭之中。

对伤害永远零容忍

　　对于任何形式的伤害，我们都应该坚决地说"不"。无论是身体上的伤害，比如被打或者被推搡，还是情感上的伤害，比如被嘲笑或者被忽视。伤害是一种不好的行为，无论是身体上的还是心灵上的，都不应该被容忍。我们应该勇敢地反对任何形式的暴力和伤害，无论是在家里、学校还是在社会中。

　　为了保护自己不受伤害，我们可以采取一些特别的方式来保护我们的情感和心理健康。要记住，当我们感到伤心或者生气的时候，告诉别人我们的感受是非常重要的。这样，我们不仅可以得到别人的帮助和理解，也可以让别人知道他们的行为让我们感到不舒服。

此外，如果我们觉得自己难以处理这些伤害，或者需要额外的帮助和建议，我们应该大胆地寻求帮助。我们可以向父母、老师、心理咨询师或者一些特别的机构寻求帮助，他们会给我们提供帮助和建议，帮助我们解决问题。

和那些总是带给我们快乐和正能量的朋友一起玩也是一个很好的保护自己的方法。我们应该选择那些总是笑容满面、乐观向上，并且会支持我们的朋友。他们可以给予我们鼓励和支持，帮助我们变得更加自信和坚强。和这样的朋友在一起，我们可以更从容地面对困难和挑战，保持快乐的心情。

不开心不要放在心里。

小故事

小雅是一个善良、友善的孩子，她总是尽力和每个人和睦相处。然而，班上有一个同学名叫小强，有时会对小雅和其他同学说一些不友好的话，甚至做一些恶作剧。

小雅觉得，作为好朋友，应该互相包容，所以她通常选择忽略小强的不友好行为。然而，小强并没有因为小雅的忍让而有所收敛，反而变得更加过分。

有一天，小强在班上公开取笑小雅的数学作业，让她感到非常尴尬和伤心。小雅意识到，自己不应该容忍这种伤害她情感的行为。她决定向老师寻求帮助，并和父母讨论了这个问题。

老师和父母都非常支持小雅，他们告诉她："小雅，你有权利保护自己，不让任何人伤害你。坚持对伤害零容忍，并不意味着你不善良或不宽容，而是你在保护自己的情感和尊严。"

小雅深受鼓舞，决定和小强好好谈谈。她坦诚地向小强表达了自己被取笑时的感受，并明确指出自己是不能接受这种行为的。她还清楚地告诉小强，如果他继续这样嘲笑自己，她将不再和他做朋友。除此之外，小雅开始主动与其他对自己友好的同学交往，减少与小强的接触。她还通过参与自己喜欢的活动，比如画画和弹钢琴，来增强自信心和自我价值感。

　　小强看到小雅的坚定态度，开始意识到自己的行为是错误的。在老师和家长的教育下，小强向小雅道歉，并承诺会改变自己的行为。

思考一下

　　你是否被伤害过？最让你难以忘怀的一次被伤害的经历是什么，你当时是怎么想的以及怎么应对的呢？

　　那些对你造成过伤害的人，你之后是选择了原谅他们还是不和他们相处了呢？

　　虽然我们要做一个宽容的好孩子，但是有些时候，对于别人恶意的伤害与屡教不改的行为，我们必须零容忍，因为如果我们不这么做，就会被人欺负，甚至被人利用。

永远都会有新朋友

随着我们慢慢长大，我们交往的朋友也会和从前不同，这是非常正常的现象。我们应该珍惜和朋友们一起度过的时光，同时也要勇敢地迎接成长道路上的变化。在这个过程中，我们需要保持开放的心态，努力理解和尊重每个人的选择，这样我们才能更好地应对生活中的变化，并建立更多值得珍惜的友谊。

随着我们慢慢长大，我们的朋友也可能要面对突如其来的变化。比如，有的朋友要转到其他学校去上学，有的朋友要换到新的班级，有的朋友因为一些原因不再像以前那样常和我们见面了。这种离别的感觉往往令人伤心难过。虽然俗话说"天下没有不散的筵席"，但我们还是应该保持积极乐观的心态，因为朋友并不是真正地离开了我们，而是换了一种方式陪伴在我们身边——在我们的记忆之中。

需要注意的是，如果我们和朋友之间发生了不愉快，最终一拍两散，也请不要愤怒，更不要去指责对方，因为每个人都有自己的想法和追求。我们应该祝福他们，不是吗？

最后，让我们学会珍惜现在、放手过去，并拥抱每一个新的开始。生活中的每一个阶段都是特别的，我们应该珍惜和享受当下与朋友们在一起的时光。同时，我们也应该勇敢地面对变化，迎接新的挑战和机遇。

小故事

小林是个重情义的孩子，他非常珍视与朋友们的关系。在他的朋友中，有一个叫阿宏的孩子，他们曾经非常要好。

随着时间的推移，小林和阿宏的兴趣以及交往的人开始发生变化。

小林喜欢阅读和钻研科学，而阿宏则更喜欢运动和打游戏。他们在一起的时间逐渐减少，分享的话题也变得越来越少了。

尽管小林很努力地想要维持这份友谊，但阿宏有时候会因为新的朋友而忽视小林，甚至在一些小事上与小林发生争执。小林感到非常困惑和伤心，他不明白为什么曾经那么好的朋友会逐渐疏远。

有一天，小林在图书馆里看书时，遇到了以前的老师。老师注意到小林的情绪有些低落，于是关切地询问他发生了什么事。小林向老师倾诉了自己的烦恼。老师认真听完后，语重心长地对他说："小林，朋友之间的关系是会变化的。有些朋友随着时间和环境的变化，可能会渐行渐远，但这并不意味着你们曾经的友谊不真实。每个人都在不断成长，有时候，我们需要接受这种变化。"

小林听了老师的话，开始慢慢理解并接受这个事实。他明白了，尽管有些朋友会因为各种原因而离开，但这也是成长的一部分。他学会了从这些变化中汲取经验，学会放手，让自己在新的环境中继续前行。

小林决定珍惜和阿宏曾经在一起度过的美好时光，而不是纠结于现在的疏远。他开始以开放的心态去结交新朋友，特别是那些和他有着共同兴趣和价值观的同学。

小林更加专注于自己的兴趣和学习，比如加入了学校的科学俱乐部，并不断提升自己。同时，他还学会了理解和尊重每个人的选择，包括阿宏的决定。他知道，即使他们不再像以前那样亲密，但仍然会保持对彼此的友好和尊重。

思考一下

你是不是有很多朋友？你有过与好朋友渐行渐远的情况吗？

友情确实很宝贵，但人与人的相处会随着时间和环境的变化而变化。我们可以怀念过去的美好，但不能陷入伤感之中。

让好习惯为你带来更多勇气

习惯就像围绕在我们周围的空气，虽然看不见摸不着，但在我们的日常生活中非常重要。有些好的习惯可以让我们变得更加勇敢，不再总是想要讨好别人。

首先，习惯性地对自己说"我能做到"和"我值得拥有好东西"这样的话，是一种很好的习惯，可以帮助我们增强自信。当我们不断地对自己重复这些积极的讯息时，我们会越来越相信自己的能力，并对自己有更强的信心。这种自我肯定的习惯可以帮助我们在面对困难时更加坚定，从而更勇敢地表达自己的观点和感受。

其次，逐步尝试小的变化也是一个非常不错的习惯。当我们遇到新挑战或者想要改变自己的时候，可能会感到害怕或不安。但是，如果能把大目标分成很多小步骤，并一点点地完成这些步骤，我们就可以慢慢地建立起信心。也许每完成一个小步骤，我们都会感到自己有所进步，这会让我们更加有信心面对未来的挑战。

我值得拥有！

此外，学习新的技能也是一种很好的习惯。当我们学习并掌握新技能时，会感觉到自己的成长和进步。这种成就感会让我们更加自信，敢于面对各种挑战和困难。同时，学习新技能也可以让我们在学校和家里有更好的表现，得到老师和家人的表扬，这会进一步增强我们的自信心和勇气，避免我们成为一个讨好型人格的人。

小故事

小诚是个乐于助人的孩子，但他总是担心如果不迎合别人，就会失去朋友。因此，他经常试图取悦每个人，哪怕这意味着牺牲自己的喜好和需求。

可一味取悦他人让小诚感到疲惫和不快乐。他意识到，自己需要做出改变，不能总是活在别人的期望中。在一次心理健康课上，老师讲解

111

了讨好型人格的问题，并强调了培养良好习惯的重要性。

老师对学生们说："养成好习惯可以帮助我们建立自信，让我们学会尊重自己的感受和需求，而不是一味地试图取悦他人。"

小诚从中受到了启发，决定先从培养好习惯开始。

他开始每天对自己说一些积极的话语，提醒自己"我身上有很多优点"。他学会了自己做出选择，而不是总依赖别人的意见。同时，他开始在小组讨论和家庭谈话中真实地表达自己的想法和感受。在养成了这些好习惯以后，小诚还学会了合理安排时间，确保有时间做自己喜欢的事情，而不是总迁就别人。小诚学会了如何礼貌地设定界限，拒绝那些他不想参与或超出他能力范围的请求。他通过阅读和参加兴趣小组来不断提升自己的技能和知识水平。

在学校举行的一次校园活动中，小诚被选为小组长。他需要带领小组成员完成一个关于环境保护的项目。这次，小诚没有再试图讨好每个人，而是根据自己的理解和小组的共同目标来制订计划。他鼓励每个成员发表意见，并在合理的范围内尊重他们的想法。

项目完成后，小诚的小组得到了老师和同学们的高度评价。小诚感到非常自豪和满足，因为他知道这是他凭借自己的能力和团队合作取得的成果。

思考一下

你有哪些习惯呢？你的这些习惯哪些是好的，哪些是不好的呢？

早睡早起，注意卫生，坚持锻炼，每天学习……

每天学习
坚持锻炼
注意卫生
早睡早起

习惯对于我们每个人都有着重要的意义，它能让我们更加自信与强大。通过培养好习惯，我们的人格也会更加完善与健全。

如果你还不知道自己该培养哪些习惯，也可以参考其他关于培养好习惯的书籍哟。

改变不仅是一种勇气

改变讨好型人格不仅是一种勇气，更是一种自我认知和自我提升的过程。这个过程需要我们不断地自我发现、一步步尝试、表达意见、学习说"不"和自我奖励。

关于这个过程我们已经讲了很多，现在是时候进行阶段性的总结了。

首先，我们需要"自我发现"。换言之，我们需要深入地了解自己，包括我们的优点和缺点、喜好和厌恶、梦想和恐惧。只有这样，我们才能真正地理解自己的感受和需求，从而更加重视它们。

其次，我们需要一步步地尝试改变。这意味着我们需要从小事做起，比如开始学会拒绝一些不合理的要求，或者开始尝试表达自己的意见。虽然每个小小的改变都可能会让我们感到不安，但是只有通过这些点滴的变化，我们才能真正地改变自己。

接下来，我们需要学会表达自己的意见。也就是说，我们需要勇敢地说出自己的想法，而不是一味迎合别人。这可能会让我们感到有些忐忑，但是只有通过表达自己的意见，我们才能真正地建立自信心。

此外，我们需要学习说"不"。我们需要学会拒绝那些不符合我们的需求和价值观的事情，这是非常重要的一点。这可能会让我们感到不舒服，但是只有通过学习说"不"，我们才能真正地遵从自己的内心需求。

最后，我们需要自我奖励。这意味着我们需要给自己一些积极的认可和鼓励，以推动自己继续前进。尽管这可能会让我们感到害羞，但通过自我奖励，我们才能更好地激励自己，保持前进的动力。

思考一下

你觉得发生在自己身上，令你记忆犹新的一次改变是什么呢？你当时为什么要改变呢？现在的效果如何？

这个世界上唯一不变的就是改变。

事实上，改变是我们生活的一部分，我们从小到大，从生到死，一直都在改变。有些变化是自然的，比如身体的成长和内心的成熟，而人生中很多重要的方面则需要我们自己主动去改变。

改变其实并不复杂，首先要明确自己为什么要改变，然后再配上一定的方式方法，养成良好的习惯。这样，改变就会水到渠成。

健康的人格
最美丽

　　只有建立完善与健康的人格，我们才能摆脱这个世界上的很多陷阱。很多讨好型人格的人都是因为自己的内心有个缺口，认为需要别人的肯定才能填补，因此造就了他们处处讨好别人的性格。我想说，这真的没必要。

小心身边的情感勒索者

情感勒索者就像是一些不太友好的"情绪怪物"，他们专门寻找我们的情感软肋，让我们感到无助和困惑。不过，我们可以变成勇敢的"情感小卫士"，用各种方法来保护自己，包括设立界限、学会说"不"、寻求支持、建立自信心，以及识别这些"情绪怪物"的踪迹。

如果你掌握了这本书前面的内容，那么在面对这种情况的时候，手上就已经有了很多工具。比如，就像画一个魔法圈一样，我们要设立界限。这意味着我们要明确自己的底线和需求，并向他人传达这些信息。当我们能够清晰地告诉别人我们的感受和期望时，那些"情绪怪物"就难以找到机会来操纵我们了。

另外，说"不"也是我们的超级武器。我们不必害怕拒绝他人的要求，特别是当这些要求让我们感到不舒服或者违背了我们的原则时。通过坚定地说"不"，我们可以展现出自己的独立性，让那些"情绪怪物"知道我们不是那么容易被控制的。

此外，寻求支持就像是在召唤我们的"情感队友"。我们可以向亲密的朋友、家人或专业人士寻求帮助。他们能给我们提供情感上的支持和实用的建议，帮助我们更好地应对那些"情绪怪物"。

同时，建立自信心就像是穿上了一件"信心铠甲"。当我们对自己的价值和能力有信心时，那些"情绪怪物"就无法轻易动摇我们的决心。通过树立积极的自我形象和培养自信心，我们可以更好地抵御外界的压力和操控。

小故事

小梅是个善良、敏感的孩子，她非常在乎家人和朋友的感受。不过，有时候她的这种关心会被一些人利用，这些人被称为情感勒索者。

情感勒索者通常会利用别人的情感弱点，通过操纵、威胁或假意让步来获取他们想要的东西。小梅的表姐小芳就是一个情感勒索者。小芳经常威胁小梅，如果小梅不按照她的意愿做事，她就会不高兴或生气，

甚至不再和小梅玩。

　　小梅不想令自己和表姐小芳的关系变得不睦，所以经常屈服于小芳的要求，哪怕这意味着牺牲自己的时间和兴趣。然而，随着时间的推移，小梅感到越来越压抑。

　　有一天，小梅和妈妈在公园散步时，向妈妈倾诉了自己的苦恼。妈妈认真听完，然后对小梅说："小梅，真正喜欢你的人会尊重你的感受和选择。情感勒索者才会利用你的善良来控制你，这不是健康的关系。"

　　根据妈妈的建议，小梅开始做出改变。比如，她开始明确自己的界限，不再让小芳或其他人随意侵犯。又比如，她学会了如何礼貌但坚定地拒绝不合理的要求。随着内心的勇气和智慧不断增长，小梅逐渐学会

了识别情感勒索的迹象，并在遇到这种
人时保持警惕。

在学校的一次集体活动中，小芳再
次试图让小梅放弃自己喜欢的活动来迁
就她。这一次，小梅鼓起勇气，坚定地
说："表姐，我很想和你玩，但我也有
自己的兴趣。希望我们能互相尊重。"

小芳一开始有些不高兴，但看到小梅坚定的态度，她开始重新审视
自己的行为，并真诚地向小梅道了歉。

思考一下

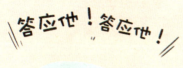

你有过被情绪勒索的时候吗？你当
时是选择了坚持自我还是退让呢？

面对别人的情绪勒索，我们首先
要做的就是摆正自己的心态。要记住一
点，你做任何事情都应该以自己的感受
为重，即便你去帮助别人，也是因为你
自己想帮，而不是因为内心的愧疚或其
他原因。

深入思考一下，除了愧疚，你觉得情感勒索者还可能会用哪种情绪
进行勒索呢？可以与爸爸妈妈一起交流一下哦。

没有健全的人格，
就会被讨好趁虚而入

拥有健全的人格，才能更好地迎接学习与生活的挑战。

为了避免形成讨好型人格，建立一个健全的人格至关重要。

首先，我们应该深入思考自己的价值观、信仰和目标，清楚地了解自己的优点和不足，并接受自己是一个独特而有价值的个体。通过了解自己，我们可以更好地识别自己的需求和愿望，从而在与他人交往时保持真实和坦诚。

其次，尊重自己是避免形成讨好型人格的重要一步。我们应该学会尊重自己的感受和需求，不轻易妥协或放弃自己的原则。同时，敢于肯定和赞赏自己，相信自己有能力应对各种挑战和困难，也非常重要。

我们之前讲过的设立界限也是建立健全人格的关键。我们需要明确自己的边界，学会说"不"，并在必要时维护自己的权益。通过设立明确的界限，我们可以保护自己免受他人的侵犯，同时也能更好地与他人建立健康的互动关系。

最后，对自信的培养是避免形成讨好型人格的另一个重要方面。我们应该相信自己的能力和价值，勇于尝试新事物和接受挑战。

小故事

小浩是一个乐于助人的孩子，但他在自我认知和自尊方面还有待提高。他经常为了让别人高兴而忽略自己的感受和需求，这使他逐渐形成了讨好型人格。

小浩总是试图让每个人都满意，哪怕这意味着他要做出很多牺牲。在课堂上，他很少表达自己的观点，因为他害怕别人不同意。在操场上，他总是参与别人喜欢的游戏，即使自己并不喜欢。

小浩的一些同学开始利用他的这种性格。他们知道小浩不会拒绝，所以经常把自己的任务推给他，或者让他帮忙跑腿。

一天，小浩在图书馆看书时，无意中发现了一本关于"自我成长"的书。书中讲述了许多孩子如何通过建立自信来克服讨好型人格的故事。

小浩开始花时间探索自己的兴趣、喜好和价值观。他学会了尊重自己的感受和需求，不再总是把别人的需求放在首位。他开始设立自己的界限，学会了如何礼貌地拒绝那些超出他能力或意愿范围的请求。

通过参与自己擅长和喜欢的活动，小浩逐渐增强了自信心。在遇到困难的时候，他开始向家人和朋友寻求支持，并通过克服困难增强了自我认同感。

在一次学校组织的小组活动中，和小浩同组的组员再次试图让他承担大部分工作。这一次，小浩鼓起勇气，坚定地说："我也有自己的任务，我们应该公平地分配工作。"

起初，组员们有些不高兴，但看到小浩的坚定态度后，他们只得同意了公平分配任务。

思考一下

你觉得健全的人格应该具备哪些特点呢？

首先，自己要有自信；其次，要接纳自己，尤其是接纳自己的不完美。只要做到这两点，人格就会变得比较健康与完善。

需要注意的是，健全的人格并不等于完美的人格。健全的人格也允许有一些小缺点，但重要的是不要对这些缺点过于在意，否则很容易被别人利用。

源于自我的安全感才最可靠

依赖别人才能获取的安全感，有时候就像是在沙滩上建房子，看似稳固，但海浪一来就容易倒塌。因为别人心情的变化、他们的行为和周围环境的改变都可能让你的安全感消失。但是，如果你的安全感是从自己内心滋生出来的，那就好像是在石头上建房子，无论外面的世界如何变化，你的安全感依然稳固。

想象一下，如果你相信自己就像超级英雄一样，能够解决任何问题，你会不会觉得自己无比强大？这就是自我肯定的力量。它意味着你要看到自己的特别之处，相信自己能做大事。当你对自己很有信心时，遇到困难，你会像小勇士一样勇敢面对，而不是依赖他人或轻易放弃。

跟着自己的心走。

学会自己思考问题也很重要，这就像拥有一盏魔法灯，能帮你看清楚自己的想法和需要，这样你就可以做出明智的选择。你不需要跟着别人走，或者因为他们的喜好来做出决定。

建立安全感的一个好方法是从小事情开始尝试。比如，你可能一开始害怕骑自行车，但当你学会时，你就会感到非常自豪和自信。每次你克服困难后做好了一件事，你的安全感就会提升。

接受挑战也是让自己更强大的方式。不要逃避困难，也不要让别人替你解决问题。当你勇敢地面对问题时，你会发现自己其实是能够独立思考和找到解决问题的方法的，这会让你更加自信和勇敢。

小故事

小安是个依赖性较强的孩子，他常常需要从父母、老师和朋友那里获得安全感。每当面临选择或挑战时，小安总是希望别人能告诉他该怎么做。

　　这种依赖性让他在没有他人支持的情况下，感到不安和焦虑。在课堂上，他很少主动回答问题，因为他总是担心自己的答案不正确。在操场上，他也总是跟随其他孩子，很少表达自己的意见。

　　一天，小安的爷爷来学校接他放学时，注意到了小安总是依赖他人的问题，决定和他谈谈。爷爷对小安说："小安，真正的安全感来自你自己。你要学会相信自己，这样无论在任何情况下，你都能感到安全。"

　　根据爷爷的建议，小安开始逐渐培养属于自己的安全感。比如，他开始每天对自己说一些积极的话语，如"我能做到"和"我有自己的价值"；遇到问题的时候，他会先自己思考，而不是马上去问别人。小安还开始尝试做一些小的独立任务，比如自己去图书馆借书或独立完成作业。

　　在一次学校的科学竞赛中，小安需要独立完成一个项目。虽然他感到紧张，但他想起了爷爷的话，决定依靠自己的能力去完成这个项目。他独立进行了研究，设计了实验，并最终成功地完成了项目。

我得靠我自己。

小安的项目得到了老师和同学们的高度评价，他感到非常自豪和满足。他意识到，真正的安全感来自自己的能力和自信。

小安的爸爸妈妈看到他的成长，非常高兴："小安，我们为你感到骄傲。记住，源于自我的安全感才最可靠。"

思考一下

我才是自己最可靠的伙伴。

你有依赖的人吗？是你的父母还是其他长辈呢？

其实，我们每个人都有依赖的对象，哪怕是我们长大了，也会有一点依赖别人的倾向。这无可厚非，但是在依赖别人之前，我们得先学会依靠自己。依赖别人的做法就像是生活中的一点调剂品，可以有，也可以没有。

希望你长大以后可以成为一个值得被他人信赖的人。

学会自我关爱与成长

当我们感到缺乏爱的时候，不能只是坐等别人来关心我们。其实，我们可以通过自我关爱、建立自信、寻求支持、学习与他人相处的技巧和积极参与各种活动，自己找到快乐和满足感，同时建立更健康的朋友关系！

首先，我们要对自己好一点。我们要照顾好自己的身体和心情。比如，我们可以定期做运动、吃得健康、保证足够的睡眠，还有找到让自己放松的方法。当我们好好照顾自己时，就会觉得更有力量，心里也会暖暖的。

其次，建立自信也很重要。我们应该相信自己能做好很多事情，并接受自己的特别之处。我们可以通过设定小目标、勇敢面对困难和庆祝每一次的成功来增强自信心。自信的孩子更容易吸引其他小朋友的注意。

再次，向别人寻求帮助也是很关键的一步。我们可以向家人、朋友或者老师求助，他们可以给予我们建议、鼓励和情感上的支持，帮助我们度过不开心的时刻。而和其他小朋友分享我们的想法和经历，也会让我们感到被理解和被接纳。

除此之外，学会和别人好好相处也非常重要。这包括学会听别的小朋友说什么，表达我们自己的感受，以及解决和朋友之间的小争执。通过参加学校的社交活动，我们可以认识更多的朋友，和更多有共同兴趣的小朋友一起玩。

小故事

小叶生长在一个忙碌的家庭，父母工作繁忙，几乎没有时间陪伴她。小叶经常感到孤独，认为自己很缺爱，这种感觉也影响到了她的日

我不仅缺爱，还没自信。

常生活和在校表现。

在学校，小叶总是显得有些孤单，她渴望得到同学们的关注和友谊。然而，她很快发现，她所缺少的不仅仅是爱，还有自信、安全感和社交技能。

小叶的老师注意到了她的困扰。在一次小叶来办公室的时候，老师叫住她和她谈心，对她说："小叶，你知道吗？我们每个人都有被爱和爱人的需求，但除了爱，我们还需要培养自信、建立安全感和学会与人交往。"

从那以后，老师对小叶格外关照，小叶也在逐步做出改变，她开始学习如何关爱自己，比如通过阅读自己喜欢的书、画画和做手工来让自己快乐。她通过参加学校的课外活动和兴趣小组，展示并发挥出自己的

才能，逐渐建立起自信心。有了老师的支持，小叶也变得愈加自信，开始主动和同学交往，不再等待别人来关注她。

同时，小叶开始积极参与课堂讨论和集体活动，不再害怕表达自己的想法。

随着时间的推移，小叶在班级中获得了更多的关注和友谊。她的同学开始欣赏她的才华和个性，她的朋友也越来越多。

思考一下

你感受过爸爸妈妈的爱吗？在你的记忆中，你觉得爸爸妈妈爱你的方式通常都有哪些呢？你会偶尔觉得自己缺爱吗？

你在学校里孤单吗？在看到这句话的时候，你第一时间会想起谁？

无论怎样，我们都得先爱我们自己。

热爱生命，拥抱世界

我们在书中的旅程马上就要结束了。

最后，我希望你热爱生命，因为当我们真心喜欢生活、拥抱世界时，我们就会距离讨好型人格越来越远。否则，我们很可能会在某一时刻被这个怪物盯上。

如何热爱生命呢？

首先，我们可以尝试不同的活动和探索未知的领域，找到那些能够让我们兴奋的事物。无论是画画、唱歌、运动还是学习新知识，只要我们对其中某一方面感兴趣，就可以勇敢地追求并投入其中。

无论画画、唱歌、跑步、篮球，我都很擅长。

我们应该接受并珍惜自己的独特性，而不是试图迎合他人的期望。通过积极地肯定自己的价值和成就，我们可以逐渐建立自信心。

除此之外，我们还可以主动参与学校活动、志愿者工作或社区项目，与志同道合的人交流合作。通过与他人的互动，我们可以拓宽自己的视野，学习到更多的知识和技能，同时找到归属感和得到他人的支持。这样，我们不必讨好别人就可以获得成就感与满足感。

最重要的是，我们一定要建立自信，这是一个持续的过程。我们应该设定目标并努力实现它们，无论大小。每一次的成功都会增强我们的自信心，让我们更加坚定地面对未来的挑战。

最后，我希望你在看完这本书后，去拥抱某个人——可以是自己的爸爸妈妈，也可以是老师——向他们传达自己的感受，感谢他们对你的付出。因为正是他们让你能不断体验这个世界的精彩。学会感恩，会让我们的内心获得满足感。

这个世界有很多的精彩等着你去探索、去挖掘。你就是自己世界的主角，你应该热爱自己、热爱生命，试着让自己成为世界上独一无二且不可或缺的一部分。

当你意识到自己在这个世界中是不可或缺的时，你又何必去讨好他人呢？

思考一下

在生活中，有哪些让你记忆犹新的事情呢？你有没有遇到过让自己眼前一亮的事情？试着用纸和笔把它们记录下来，如果你觉得这么做有意思，不妨养成一个记日记的习惯。

其实，这些记录与其说是日记，不如说是一位探险家在这个世界上的探险之旅。

这个探险家，就是你自己。